Book cover by Zazie (Evi Moechel) - www.zazie.at
La Belle Inutile Editions Logo : https://pixelcat.at/

Copyright: Pierre Petiot
ISBN : 978-1-4717-5364-0
Spring 2022

# La Belle Inutile Editions

**Printed by www.lulu.com**

# Rational Thought and Imagination

# Pensée Rationnelle et Imagination

# Contents - Contenu

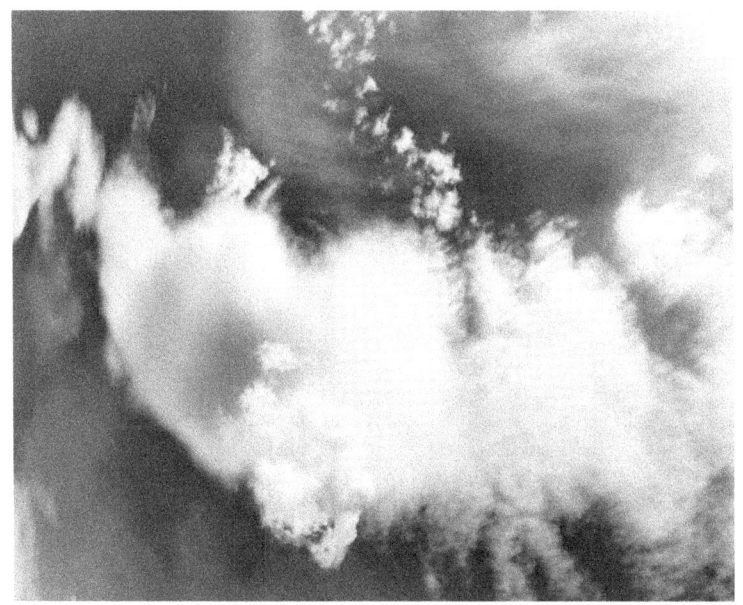

Photo : Zazie

# Rational Thought
# and
# Imagination

# Table of Contents

# PART 1
# THE METHOD

# Introduction

As I have often heard people oppose "rational thinking" to other modes of thought, I came to the point of wondering what they might possibly mean by "rational thinking". Most especially because, although a surrealist, a computer scientist, and even a bit of a mathematician, I never felt the least schizophrenic. So setting aside all that is usually said about this subject, I began to have doubts: What is "rational thinking"? In which way may such a thing exist?

In the field of English literature, as regards rational minds, one must invariably consider Sherlock Holmes, his imperturbable logic and the famous (albeit apocryphal) "elementary my dear Watson!". It must be noted that police literature is often considered as the very exemplar of practicing rationality and logic. Yet, if I stealthily shift from the British arena to the French arena, trying to recall the rare relations I ever had with detective novels, what immediately comes to mind is the old French television series *The Five Last Minutes*, the well-known Inspector Bourrel and "Good God! But of course it is... " which showcased the right-on-time fulgurance by which the culprits' identity suddenly blossoms in the mind of the good inspector, out of the chaos of the on-going investigation, and this, five minutes before the end of each episode. And then, during the next five minutes, came the explanation, all logical of course.

I am surprised that Inspector Bourrel, a Cartesian Frenchman, as all French are supposed to be, can avail himself of a flash of mind where his British counterpart tries to convince us that he follows step by step the slow, patient and methodical ways of reason. So that an evil spirit suggest to me that Albion could in this case send us one of its perfidies, while on the other side of the English Channel we, French, would be no less Frank than our ancestors were. It has been objected to me that I am exaggerating, and that intuition and flashes also play their part in the progression of thought in Sherlock Holmes.
Sure ! But what I am talking about here is not about reality, but about the way we talk about it.

But it also comes to my mind that in both cases,

whether in Holmes the elegant or in Bourrel the gruff, reason and logic only come at the end.

Minerva's bird only takes flight at dusk

G.W.F. Hegel.

The owl only takes its flight at twilight, no doubt, but not Minerva sprouting out of Jupiter's brain with weapons, helmet and shield... Which seems to give the point to inspector Bourrel, while the elegant and felted flight of Sherlock Holmes' owl would only reach the first place as a consequence of the fulgurance of Minerva herself. So that, the owl only perches at the end of a tale: the always late and conclusive narrative of logic.

# Descartes

But of course we need to ask Descartes... I had to re-read Descartes due to a late discussion with one of my colleagues who was teaching software design. At the time, structured design (also called Top-Down approach) was very fashionable, in which, a main program, supposed to carry out the work to be accomplished, called subprograms which carried out certain sub tasks, and which themselves called sub-sub-programs that performed sub-sub-tasks, etc.

In total, the work to be carried out involved a whole tree of tasks, sub tasks and sub-sub-tasks. This approach – which the reader clearly feels owes much to René Descartes' Discours de la Méthode – has since then almost fallen into disuse for the benefit of what is called the Object-Oriented approach that more closely resembles the work of a novelist or a theater author who imagines the text of his work on the basis of the interactions of a few previously defined characters, or whose definition gradually refines as the mature work.

The question I raised with my orthodox colleague, an ardent zealot of the Method of the Discourse, was the following : "I understand," I said, "that by cutting the problem into smaller and smaller pieces, we finally get little bits of solutions that solve little bits of the initial problem, and that in assembling these little bits of solutions, there is a good chance that the initial problem will be solved. But what makes us sure that the solution thus obtained is *optimal*? ".

The word "optimal" in an industrial context only exists in a few well-identified dimensions, which are generally: performance, costs, lead times and quality. But we could just as well choose other dimensions for optimization, such as the "adresse" dimension (Eng. "skill") that Marcel Duchamp humorously illustrated in the *Nine shots* part of his *Large Glass*.

As my colleague did not seem to be able to give me a satisfactory answer, preferring to refer to God rather than to His saints, I went to see if Master René Descartes had an answer to give me. But I have not found any.

On the other hand, I could see that, contrary to what many of its zealots state, Descartes' Method is both Top-Down and Bottom-Up. Descartes, as opposed to his forgetful supporters, has also thought about reassembling the pieces into a whole. In other terms, he thought of what is called *Integration* in the fields of Systems Engineering and Software Engineering.

Integration is not always an easy matter, and it must be admitted that the deployment, at the scale of a whole country, of complex systems developed by several industrial firms sometimes poses some thorny problems, that the top-down approach is not sufficient to solve. It sometimes even happens that a few flashes of genius have to contribute here and there, which the method had not quite entirely foreseen. Thus I once heard that a rather complex navigation system which was to be installed on a ship, caused an unexpected and very embarrassing situation because no one had noticed that it did not pass through the corridors of the boat. While the installation team was in despair, a sudden flash suggested cutting the hull, inserting the system through the opening thus made, and then re-welding the hull. Elementary my dear Watson... So it was done. Marked with common sense as well as genius, this practice was not, however, registered in the catalog of recommended industrial procedures.

Descartes' Method as it is exposed in the second part of the *Discours de la Méthode* consists of very few lines. The reason for such brevity is Descartes' desire for simplicity and rigor::

> And as the multitude of laws often gives excuses for vices, so that a State is much better regulated when, having only very few of them, they are very strictly observed; thus, instead of this great number of precepts of which logic is composed, I believed that I would have enough with the following four, provided that I took a firm and constant resolution not to ever fail following them.

And so, here are the four principles:

> The first was never to accept anything as true that I did not evidently knew it to be so; that is to say, to carefully avoid haste and prejudice, and to include nothing more in my judgments than what should present itself so clearly and distinctly to my mind, that I had no occasion to doubt it.

> The second one, was to divide each of the difficulties that I would examine, into as many parts as possible, and as would be required to best solve them.

> The third, was to conduct my thoughts in order, beginning with the simplest objects and the easiest to know, to climb little by little as by degrees until the knowledge of the most complex, and even by assuming order between those which do not naturally precede each other.

> And the last one, to make everywhere such complete enumerations and such general reviews, so that to be sure of not omitting anything.

Four principles, of which we usually have mostly retained the second, so that some, thought they could summarize it under the word *analysis*, in such way that the third one appeared to them as the very spirit of the *synthesis*.

We may see things differently, and imagine a man dismantling and then reassembling an alarm clock. This imprudent character will therefore disassemble the object according to the second principle, then reassemble it according to the third principle, and he will ensure that nothing remains on his work table by virtue of the fourth principle. Otherwise... The Method does not really specify what should be done. We can certainly not doubt its excellence, but we can also have some suspicion about a method that does not specify how to address the thorny issue of errors. Errors where it is however advisable not to get too bogged down by virtue of the Latin adage: "Errare humanum est, perseverare diabolicum". And to get out of it, in the case of the alarm clock, all that remains to be done is to dismantle this cursed alarm clock again under the second principle and reassemble it under the third principle... And to discover that it still does not work because, despite the fourth principle, a trinket without no really obvious interest but nevertheless indispensable, has machiavellianly managed to sneak under the table. Let's put aside the case where there is nothing left on the table, or under the table, and where the fourth principle seems to finally be able to fall soundly asleep, but where yet the damn alarm clock still does not work, because, by virtue of a deduction of a rigorous and completely geometric flavor, but which will ultimately prove to be indisputably false, one or more parts have not been returned to the place intended by the designers of this infernal machine full of twisted springs and cogwheels, quite small cogwheels, no doubt but nonetheless slyly aggressive, if not for the fingers, at least for the mind.

As for the first principle, the one that founds the whole, it consists of starting from what we know as being obvious. At first glance, nothing seems surer and more serene than obviousness, but at second and subsequent approaches, unpleasant minds will point out that nothing great has ever been done in sciences except by pointing out that this, which was at first taken as obvious, was in the end not so, and that it is necessary to provide for its replacement by some fresher and newer evidence, often a little more complex and detailed, in spite of the fact that we be warned of the devil's habit of hiding in the details. In the end, Descartes ends up suggesting that this perception of evidence is a natural light in men, which probably comes to us from God and, apart from this detestable error in terminology that tends to suggest that God would exist, we have to agree that the thing remains mysterious and that, mayb,e he's not entirely wrong.

At this point, I must relieve the reader of the idea that I have a low opinion of Descartes' Method. Such is not the case. On the contrary, I have a real respect for René Descartes and for his Method, even if in the commendable brevity in which it is stated in the Discours, it may seem to fall a little short here and there...

But before it appeared in the Discours de la Méthode, Descartes had worked on its elaboration in much more detail in an unfinished work, *Règles pour la direction de l'esprit* (1628-1629) (Eng. Rules for the Direction of the Mind).

In this work, it appears that Descartes' Method is much more than an art of cutting big problems into small problems. It is also, and it is even first, *a school of autonomy*, as the third of the Rules for the direction of the mind suggests:

Where we can clearly see that it is not a question of the subject's autonomy, since Descartes advises us not to care about what is already supposed to be known, and which may have been thought of by others, nor to "what we expect ourselves, as being true", but  rather a question of *the autonomy of the subject's movement*, which is something quite different. Moreover, the same occurs in the famous "I think, therefore I am" which affirms nothing on the thinking subject itself, but only that the *movement* of thinking exists. As for the nature and features of the being that thinks, nothing is really said of it in this famous sentence.

The Rules for the direction of the mind are also a school of freedom as evidenced by the comments to the First Rule:

34

première.

## Where Descartes rises against the specialization of knowledge

> There is no need to circumscribe the human mind to any limit; indeed, the knowledge of a truth is not like the practice of an art; one truth when discovered helps us to discover another, far from hindering us. […] What must first be recognized is that the sciences are so linked together that it is easier to learn them all at once than to detach one from the others.

This is because, according to Descartes, what should be of interest is above all *intelligence*, which finds to occupy itself everywhere with all things, much more than with particular results.

> It is necessary to think of increasing one's natural enlightenment, not in order to be able to solve this or that difficulty of school, but so that the intelligence can show the will the part it must take in each situation of life.

## Next comes Rule Two, a true rule of method:

> We must concern ourselves only with objects of which our mind seems capable of acquiring a certain and indubitable knowledge.

> Descartes - Règles pour la direction de l'esprit – Règle deuxième.

And Descartes' comments about this rule show that it is not just a word of caution, nor a recommendation as to how not to waste time in idle studies, but more deeply, Descartes gives an example there of what is meant by "certain and unmistakable knowledge":

> From all this we must conclude, not that arithmetic and geometry are the only sciences that must be learned, but that he who seeks the path of truth must not concern himself with an object of which he cannot have a knowledge equal to the certainty of arithmetical and geometrical demonstrations.

The two mechanisms that Descartes accepts for his Method are *intuition* and *deduction* as he establishes in the comments to Rule Three:

> We therefore distinguish intuition from deduction, in that, in the first one we conceive a certain course or succession, while it is not so in the other. And furthermore that with deduction there is no need for an immediate evidence as is the case with intuition, but that deduction somehow borrows all its certainty from memory. Whence it follows that one can say that the first propositions, derived immediately from the principles, can be, according to the manner of considering them, sometimes known by intuition, sometimes by deduction; while the principles themselves are only known by intuition, and the distant consequences only by deduction.

> Descartes - Règles pour la direction de l'esprit – Règle troisième.

In the commentaries on the Fourth Rule, Descartes gives the characteristics of his method:

> By method, I mean certain and easy rules, which, when rigorously followed, will prevent one from ever supposing what is false, and will ensure that, without consuming its forces uselessly, and by gradually increasing its knowledge, the mind will raises to the exact knowledge of all that it is capable of attaining.
>
> Descartes -    Règles pour la direction de l'esprit – Règle quatrième.

And he recalls that the objective of his method does not lie in any specialization, and that it does not aim at obtaining particular results in a particular science, but at *the knowledge of all things*:

> It is necessary to take note these two points, not to suppose true what is false, and to try to arrive at the knowledge of all things.

And it must be recognized that Descartes effectively implemented in his life this requirement of "trying to arrive at the knowledge of all things" because, with various successes, he did not indeed hesitate to approach all the topics which seemed to him to be within his reach.

The Fifth Rule and the Sixth Rule offer approaches to discovering and distinguishing the simple things:

> "The whole method consists in the order and arrangement of the

37

objects upon which the mind must turn its efforts to arrive at some truth. To follow it, one must gradually reduce the embarrassed and obscure propositions to simpler ones, and then start from the intuition of the latter to arrive, by the same degrees, at the knowledge of the others.

Descartes - Règles pour la direction de l'esprit – Règle cinquième.

About the Fifth Rule Descartes tells us that "It is in this one point that the perfection of the method consists", and of the Sixth Rule he assures us that under, a somewhat redundant exterior, "it nevertheless contains the whole secret of the method ",

To distinguish the simplest things from those which are enveloped, and to follow this search with order, it is necessary, in each series of objects, where from some truths we have deduced other truths, to recognize what is the simplest thing, and how all the others move away from it more or less, or equally.

Descartes - Règles pour la direction de l'esprit – Règle sixième.

But there is a detail in the commentary on the Sixth Rule that is precious for the purpose of this book, where Descartes explains that his Method allows you to start from just about anywhere, "at random"...

Let us note, thirdly, that we must not begin our study by looking for difficult things; but, before tackling a question, collect randomly and without choice the first truths that present themselves, see if from these one can deduce others, and from these still others, and so on.

And this reinforces both Descartes' claims as to the generality of his Method and Breton's point of view in the first Manifesto as to the actual method of "true scholars"

> I believe, in this domain as in another, in the pure surrealist joy of the man who, warned of the successive failure of all the others, does not consider himself beaten, starts from where he wants and, path other than a reasonable path, gets where he can.

Of course, Descartes then recommends in the Seventh Rule...

> To complete science, thought must run through, with an uninterrupted and continuous movement, all the objects that belong to the goal it wishes to reach, and then summarize them in a methodical and sufficient enumeration.

> Descartes - Règles pour la direction de l'esprit – Règle septième..

to classify the elements of this collection "at random". A classification which can hardly be done except by the springs of analogy (which roughly corresponds to the mathematical notion of "equivalence classes ") because, he says (for example) :

it often happens that if we had to find separately each of the things which relate to the principal object of our study, the whole life of a man would not suffice, either because of the number of objects, or because frequent repetitions that bring the same objects back before our eyes. But if we arrange all things in the best order, we will most often see the formation of fixed and determinate classes, of which it will suffice to know only one, or to know this one rather than that other, or only something of one of them; and at least we wouldn't have to retrace our steps unnecessarily

And he then recommends trying to identify their possible logical links, either internal or external, which makes it possible to classify them – again by analogy – , but according to a particular criterion which is now of the type: "A is logically linked to B". After which it becomes possible to work by "induction".

Thus is it that, without being able in a single sight to distinguish all the links of a long chain, if however we have seen the sequence of these links between them, that will allow us to say how the first is connected to the last.

However, Descartes seems to consider that what he calls enumeration and what he calls induction are two equivalent things, which can lead to somewhat dubious shifts:

Finally, if I want to show by enumeration that the area of a circle is greater than the area of all figures whose perimeter is equal, I will not review all the figures, but I will content myself with proving what I propose on some figures, and to conclude it by induction for all the others.

## In the comments associated with Rule Eight:

If in the series of questions one happens to arises that our mind cannot fully understand, we must stop there, not examine what follows, but save ourselves superfluous work.

Descartes -  Règles pour la direction de l'esprit – Règle huitième..

## Descartes gives us some insight into the true origins of the Method:

Now, in order not to remain in continual uncertainty about what our mind can do, and not to consume ourselves in sterile and unhappy efforts, before approaching the knowledge of each thing in particular, it is necessary, once in one's life, to have asked what knowledge can be reached by human reason. To succeed, between two equally easy means, you must always start with the one that is most useful.

This method imitates those of the mechanical professions, which do not need the help of others, but which, themselves, provide the means to build the instruments which are necessary for them. If a man, for example, wants to exercise the profession of blacksmith; if he were deprived of all the necessary tools, he would be forced to use a hard stone or a coarse mass of iron; instead of an anvil, to take a pebble for a hammer, to arrange two pieces of wood in the form of pliers, and thus to make the instruments which are indispensable to him. When he has achieved this task, he will not begin by forging, for the use of others, swords and helmets, nor anything that is done with iron; but first of all he will forge himself hammers, an anvil, pliers, and all that he needs.

## In the commentary associated with Rule Ninth:

> One should direct all the strength of one's mind to the easiest and least important things, and dwell on them for a long time, until one has acquired the habit of seeing the truth clearly and distinctly.
>
> Descartes  -    Règles pour la direction de l'esprit – Règle neuvième..

## we find another example of this reference to trades...

> The way we use our eyes is enough to teach us the use of intuition. He who wants to embrace many things with one and the same look sees nothing distinctly; likewise he who, by a single act of thought, wishes to reach several objects at the same time, has a confused mind. On the contrary, workmen who occupy themselves with delicate works, and who are accustomed to direct their gaze attentively to each point in particular, acquire, by use, the facility of seeing the smallest and finest things.

## The Tenth Rule...

> For the mind to acquire facility, it must be exercised in finding things which others have already discovered, and in methodically traversing even the most common arts, especially those which explain order or suppose it.
>
> Descartes - Règles pour la direction de l'esprit – Règle dixième.

## and its commentaries, once again insist on the

usefulness of taking as an example the arts and crafts such as those of weavers, upholsterers, embroiderers and lacemakers, even – and most particularly – if they are "subordinate" arts

> This rule teaches us that we must not suddenly occupy ourselves with difficult and arduous things, but begin with the less important and simplest arts, those above all where order reigns, such as the professions of weaver, upholsterer, women who embroider or make lace […]

> We have therefore warned that these things must be examined methodically; now the method, in these subaltern arts, is none other than the constant observation of the order which is found in the thing itself, or which a lucky invention has placed in it.

And a little further on, it appears that Descartes' method has little to do with logic, which, as he explains, allows neither creation nor invention:

> Now, in order to convince oneself more completely that this syllogistic art is in no way useful for the discovery of the truth, it should be noted that the dialecticians cannot form any syllogism which concludes to any truth, unless having had the matter of it before, that is to say, without having known in advance the truth that this syllogism develops. Hence it follows that this form gives them nothing new; that thus the vulgar dialectic is completely useless to the one who wants to discover the truth, but that it can only serve to expose more easily to others the truths already known, and that thus it must be returned from philosophy to rhetoric.

Isn't it surprising that, for the allegedly very rational Descartes, logic is akin to rhetoric, a discipline which he regards as useless in the discovery of truth, but whose role is reduced to expounding his ideas and convince his peers?

Well, actually no, it's not surprising, because this remark is almost identical to those made – for example and on several occasions – by two very important mathematicians: Henri Poincaré and Alexandre Grothendieck. Logic makes it possible to verify, to present, to convince, to share ideas in a rigorous way, but it does not make it possible to find new things. Of course we will not find any mathematician to argue that proof does not play a very important role in mathematics, but although it may occasionally indirectly happen to fulfill this function, we will probably find very few mathematicians to consider logic as an instrument for discovery.

After this first examination of the first rules of the Method as they are detailed in the Rules for the Direction of the Mind, one of the newest and most surprising observations – for the time – that we can draw from it, are these references to "mechanical arts" and crafts. We know that Spinoza made his living polishing optical lenses for glasses and microscopes. But in fact, *in line with the most important artists of the Italian Renaissance*, a large part of the scientists of the 17th century were engineers and inventors as well as theoreticians. All of them were designers and builders of instruments and machines, which indeed implies some familiarity with the "mechanical arts".

# In the Holes of the Method

Another issue that neither my colleague nor the good Descartes seemed to me to deal with sufficient attention or above all, with sufficient *precision* was the criterion to be used for stopping the decomposition of tasks. I think I remember that, in essence, this criterion comes down to "we stop breaking down when a task of the last level is – or seems – intuitively clear."

> "The whole method consists in the order and arrangement of objects upon which the mind must turn its efforts to arrive at some truths. In order to follow it, we must gradually reduce the embarrassed and obscure propositions to simpler ones, and then proceed from the intuition of the latter to arrive at the same degrees by the knowledge of others".
>
> Descartes – Règles pour la direction de l'esprit – Règle cinquième.

In other words, when it appears as *obvious*. Very well, but what does it mean to be obvious? How does that become manifest ?

The question is generally eluded on the pretext that, since it is obvious, there would be nothing to say about it, which is not so far from some kind of argumentation about the "dormitive virtue of opium" : why does opium make peo)le sleep ? That's because opium has a dormitive virtue. For my part, I fear that the answer is: *obviousness becomes manifests when a sudden intimate movement of the mind occurs in us that designates it to us as such.*

And yes, it is indeed an *intimate* movement of the mind. A movement of conviction which, in some respect, is not so far from mysticism. If one fails to grasp the necessity of respect for this intimacy, one falls into the following discourse which is only too frequently encountered in the maths classes: "I did not understand..." says one. "What do you mean ? it's obvious! " says the other, proving that he did not understand mathematics, nor pedagogy, nor his pupil. The Prophet in this case is finer who says that constraint in matters of religion does not fit.

So, based on a few aspects of some of the Règles pour la direction de l'esprit, I suspect that, ultimately the effectiveness of Descartes' Method when put into practice is rooted only in intuitions, or even hopes for intuitions to come. But it should be remembered, however, that the word intuition in the Règles pour la direction de l'esprit is not an equivalent of the word intuition in today's sense, but rather designates something intermediate between "intuition", "obviousness" and "comprehension" and which, by the way, makes an arrow of any wood...

> Finally, we must make use of all the resources of intelligence, imagination, senses, and memory, in order to have a distinct intuition of simple propositions, in order to compare suitably what we seek with what we know, and to find the things which are to be thus compared with each other; In a word, one must not neglect any of the means of which man is provided".

> Descartes - Règles pour la direction de l'esprit – Règle douzième.

And in the event that such an intellectual event as the one intuition actually is in the human mind would not take place properly, Descartes then advises us to further break down the task which would prove recalcitrant to become spontaneously obvious.

Thus, the core of the Method's operation does not reside at all in the Method itself, but in *elementary intuitions*. That is, in all the small atomic and intimate proofs and conviction mental movements which together weave and establish a composite truth. May one of these little intimate convictions happen to fail and everything collapses.

This is why Descartes' Method also advises not to be afraid to try to seize passing ideas, to follow them and above all not to let them fly away. An invitation to digress, and even, so to say, to attentively listen to the "mouth of shadow" that has always been familiar to poets, but that we hardly find taken up by ordinary supporters of rational thought...

> "After having perceived by intuition some simple propositions, if we conclude some other from them, it is not useless to follow them without interrupting for a single moment the movement of thought, to reflect on their mutual relations, and to design distinctly at once as many as possible of them ; it is the means of giving our science more certainty and our mind more breadth. »

> Descartes - Règles pour la direction de l'esprit – Règle onzième.

It is undoubted that Descartes actually *thought* when creating his Method. But the central question remains: *Do we actually think when implementing it*? After all, the simplest computer program also runs according to a method, which is, in some way, quite close to the Method itself. Nevertheless, a computer program is not granted the capacity to think. Where is thought located then?

If we try to identify what, in the Method of the

Discourse, really belongs to the work of thought, it seems to me that this is mainly located in two aspects. On the one hand, in the series of choices through which the decomposition will be carried out and, on the other hand, at the end of the conveyor belt of the Method, in small but easy and obvious tasks, the obviousness of which relies either on an intimate conviction, or on a know-how, that is to say, in the difficult but frequent cases when the devil nests in the details, *on a certain faculty of human improvisation.*

As regards the work of thought which leads to decomposition, the seventh of the Rules for the direction of the mind is quite clear; it is a simple enumeration:

> In order to complete science, it is necessary that thought should traverse, with an uninterrupted and continuous movement, all the objects which belong to the object which it wishes to attain, and then sum it up in a methodical and sufficient enumeration.

> Descartes - Règles pour la direction de l'esprit – Règle septième.

In what precise way is the enumeration methodical and how it may avoid the unexpected irruption of Jacques Prévert's well known raccoons, is hardly specified. The surrealist poet Jacques Prévert is well known in France for a poem made of an enumeration of enumerations, each one of the enumerations ending with "and a raccoon" or "and yet another raccoon", or "and a third raccoon", etc. All these periodically appearing raccoons having of course no relation with the enumeration right above nor with the enumeration that comes right after... This famous poem gave birth to the French expression "une énumération à la Prévert".

By what means can we ensure that the enumeration is sufficient, this is not really said either.

The thirteenth rule sounds alike :

> When we understand a question perfectly, we must clean it from any superfluous conception, reduce it to the simplest, subdivide it as much as possible by means of enumeration.
>
> Descartes - Règles pour la direction de l'esprit – Règle treizième.

One might suppose that when one understands a question perfectly, the superfluous conceptions which attached to it no longer attach to it, so that it is already reduced to the simplest. But if not, how does one extricate a question that one fully understands from any "superfluous conception"? The Method remains a little silent here too, except that enumeration is again invoked to provide for it, which raises the same questions as those raised in connection with the seventh rule.

So that the whole art of the method consists basically in indulging a little nonchalantly in enumeration and in using common sense, or some other "wet finger in the wind" kind of measurement instrument or some other "intuitive" approach – often other names for habit and routine – in order to separate superfluous black raccoons from relevant white raccoons. One could thus think of a surrealist enumeration game implying an "unregulated" implementation of Descartes' method, a game which, disdainful of all kind of racism, would not exclude any raccoon, whether black and superfluous, or white and relevant.

Descartes is rightly proud to have devised a method that allows to find a solution to any problem we may wish to raise, but it seems to me that he did not really ask himself whether the solution discovered by use of the Method was the best and optimal one. Yet finding optimal solution is what an industrialist must often do, subject as he is to the harsh laws of market and business competition. Descartes, will you say, was a philosopher and not an industrialist. That's precisely what I'm not so sure of, as we shall see further on...

# Irruption of the Method

Let's be clear : I do not intend to throw the baby with the bath water. I do not intend either to throw stones at René Descartes, nor even to throw other and possibly more numerous stones to his much less talented followers of the industrial world. Let us rather say that in my own way, I am a man of order who likes to distribute glory to each according to the rank due to him. The fact that there was thought in Descartes' invention of the Method, is certain. A kind of genius too, for sure. And we must salute that. It is more doubtful that there is a real need for some kind of genius in its implementation. *A method does not think. Man is what stands beyond the algorithm*.

Why do the Discours de la Méthode (1635) or its prototype, Règles pour la direction de l'esprit (1628-1629) appear so late? After all, when considered from afar, there is essentially not more in it than the division of labor which can be symbolized by the immense building site of the Pyramids, and that hence appeared long before 1650, the year when Descartes died. I am not good enough as an historian or a scholar to produce a safe judgment on this point. Yet, I shall nevertheless venture to expose here a few suspicions.

The first French royal factories were created in the years 1663 to 1764, that is, more than 10 years after Descartes' death. However, with regard to the Manufacture de la Savonnerie, things began somewhat earlier:

> The name of the first royal carpet factory founded in France, the Savonnerie derives from an old soap factory located in Chaillot, roughly at the present location of the Palais de Tokyo. This soap factory was transformed into an orphanage by Marie de Medicis. The cheap labor procured by the orphans attracted two weavers, Pierre Dupont (1560-1640) and Simon Lourdet (circa 1590-1667), who transferred to the site in 1631 the manufacture that they had founded in 1627 or 1628 by order of Louis XIII.

The same applies to the Manufacture des Gobelins, which only became royal in 1663, but which is in fact the continuation of a private factory supported by king Henri IV:

> In order to free the kingdom of the important expenses which

were due to the importation of foreign tapestries, and to avoid this money to leave the kingdom, King Henry IV decided, in April, 1601, to install two dyers and Flemish upholsterers, Marc de Comans and François de la Planche in a great house. the first was from Antwerp and the second from Audenarde, and they had been associates since January 29, 1601 to make tapestries in the Flemish fashion. In January 1607 Henry IV granted them patent letters in which he indicated that he had the two Flemish tapestry-makers come to install tapestry factories in Paris and other towns in the kingdom. The King wishes and orders that Marc de Comans and Francis de la Planche be considered as nobles, commensals and servants of the royal house and that they enjoy the prerogatives, exemptions and immunities attached to these qualities.

[...]

On behalf of Louis XIV, improving Henry IV's adopted plan, Colbert prompted shortly before 1660 the Dutchman Jean Glucq to import into France a new process of scarlet dye called "à la hollandaise". In 1684 Jean Glucq finally settled in one of the houses of the former Folie Gobelin, which he bought and embellished after obtaining the French nationality

The work done in the manufactures was essentially manual. Nothing at first sight that seems to have any relations with a detailed division of labor or with the work chain as they were developed and implemented during the "Industrial Revolution" in the 19th century Except that this is not the case. For, as Christophe de Voogt notes in *The Civilization of the "Golden Age" in the Netherlands* :

In the Middle Ages Holland, that is to say, the present-day province of Holland, from Rotterdam to Amsterdam, possessed large woolen weavings, which worked for exportation. This industry was settled in the towns; The center was in Leyden, where, since the fourteenth century, a drapery flourished, which acquired great renown in the fifteenth and sixteenth centuries.

The drapery industry is very complicated; The raw material is subjected to various partial operations in successive phases. In other words, the drapery industry demands a lot of partial producers who partly re-work each other's work results ; these partial producers are only found in densely populated cities. Moreover, Holland was, above all, a country of cities that had a predominant influence on the entire country.

Cf. La civilisation du "Siècle d'or" aux Pays-Bas. https://www.clio.fr/BIBLIOTHEQUE/la_civilisation_du_siecle_ dor_aux_pays_bas.asp

Cf. as well : La naissance de l'industrie rurale dans les Pays-Bas aux XVIIe et XVIIIe siècles [article]  sem-linkZ.-W. Sneller, Annales d'histoire économique et sociale  Année 1929  Volume 1 Numéro 2  pp. 193-202

In other words, the division of labor had long been well advanced in the Dutch drapery-making industry at the time when Descartes was staying in Holland. But Dutch methods and products also attracted the almost general admiration of certain important ministers of the kings of France, since :

Richelieu already emphasized the "Dutch miracle" and clearly discerned the cause of it: "The opulence of the Dutch, who,

58

strictly speaking, are but a handful of people, reduced to a corner of the earth, where there are only water and meadows, is an example and a proof of the utility of commerce, which is not disputed."

In other words, since 1601 at least, the kingdom of France imports Dutch technologies. René Descartes, a Frenchman born in 1596, and a contemporary of Cardinal de Richelieu, who was an admirer of the Dutch, stayed in Holland in 1618-1619, during which time he became a friend of the Dutch mathematician, physicist, physician and philosopher *Isaac Beeckman* who studied Philosophy and Linguistics in Leiden (hence, in the main city of the drapery industry in Holland), and who happened to be son and brother of artisans and / or manufacturers of roof tiles and candles, and was supposed to take the lead after his father's retirement.

Isaac Beeckman is not only a theoretician but also a thinker concerned with techniques and applications. And he founded in 1626 in Rotterdam, a group of exchanges on technical and industrial subjects, the *Collegium mechanicum*. Besides, in 1619, after his meeting with Descartes on November 10, 1618, Beeckman was still working as a roof decker in parallel with his scientific work.

The friendship between Descartes and

Beeckman has nothing anecdotal as for the later evolution of thought. It clearly begins as a kind of master-student relationship, to the point that Descartes later wrote to Beeckman:

"I was sleeping, and you woke me up. You alone have shaken my laziness, and you have recalled my erudition to my memory, which had almost escaped from it. "

Then their intellectual friendship further developed, since they both proposed to write a treatise on mechanics (i.e."mechanical arts", in other owrds production. That under these conditions Descartes' *illumination* on November 10, 1619 in Neubourg following three dreams of high intensity may have nothing to do with Isaac Beeckman and with the Dutch methods and technologies is not reasonable.

But there is more and better... In 1691, Adrien Baillet first biographer of Descartes writes:

"The search which he wished to make of these means, threw his mind into violent agitations, which increased more and more by a continual restraint in which he held its mind, without suffering either the promenade or the companies to divert him. He fatigued himself in such a way that the fire took in his brain, and that he fell into a kind of enthusiasm, which disposed his mind already so dejected in such a way, that it enabled him to receive the impressions of dreams, and of visions.

He tells us that

"the tenth of November of the year 1619, having gone to bed full of enthusiasm, and occupied with the thought of having found the foundations of an admirable science that day, he had three consecutive  dreams in one night, that he imagined he could only have come from above. "

Is it not astonishing to see the most celebrated promoters of a methodical use of reason assert that his discovery is due to impressions stemming from dreams and visions?

# Industrial Surrealism

Not very long ago, a method has emerged among industry managers that was based on standardized procedures and measures. What may possibly be more rational indeed, than measures?

As I happened to work as a propagandist of this method for earning my living, I sometimes explained it in the following way:

"Let's assume that you want to go to the Moon... You comfortably  sit on your favorite seat and you measure the distance between this seat and the moon. And then you wait for a while... After which, you measure again your distance to the Moon, etc. In this way, you will be able to measure your progress towards the goal you have set for yourself, and if it is not enough, you will be able to improve constantly. So you will eventually reach the perfection of perfectibility, as Charles Fourier said."

"For the moment, please note that you have not been asked to think and that a computer equipped with the suitable sensors and the required software can carry out measurements as well as you, or rather better. I mean without thinking. Do not forget that this method is recommended – or even imposed – by high-ranking managers whose thought flies a little higher than yours, although sometimes it also shows some weaknesses in details. For example, some industrial procedures may not be fully defined, or even may not be really applicable, or they may not even be listed in the standard procedures dictionary of your firm, which unfortunately may happen in areas such as Research & Development where things to be researched and developed may be encountered ".

"Yet, for the time being your measurements campaigns, although reiterated, have not brought to light the slightest reduction of your distance to the final objective, namely the Moon. The dots  that you, or your computer, have plotted on your progression curve are similar to those of a flat electroencephalogram. Besides as we are speaking about the Moon, it may be necessary to move a little bit your ass from the comfortable seat the use of which I recommended, because despite the elegant wheels with which it has been equipped, your seat has not moved much".

"The trouble is that the precise way we should move our asses in order to achieve the goal does not seem to be fully described in the managerial recipe. So we have to think a little bit further and, for example, draw up a plan. Now, how can we achieve that ? Well, it's very simple... The method if we dig a bit deeper into it  gives us a brilliant solution that shall work for sure: we will have a meeting and do some *Brainstorming* sessions or else we may use a fairly similar commercial method called Metaplan ".

"So, since we do intend not to waste our firm's money,  let's first see what is Brainstorming? With some help from Wikipedia, we find that it is a method invented in 1939 by Alex Osborn. "

Two basic principles define brainstorming: the suspension of judgment and the widest possible research. These two basic principles are reflected in four rules:

Do not criticize,

Be freewheeling,

"Hitchhike" on the expressed ideas ,

And  try to get as many ideas as possible without imposing your own ideas

Thus, absurd and fanciful suggestions are admitted during the production and mutual stimulation phase. Indeed, the participants with a certain reserve can then be encouraged to express themselves, through the dynamics of the formula and the interventions of the facilitator.

The absence of criticism, the suggestion of ideas without any realistic basis, and a swift rhythm, are vital elements in the success of the process.

As I am now retired and hence free of thought as well as of speech, I can speak reasonably openly and say that I remember that, in the years 1920-1925 a group of young people who called themselves *surrealists* had defined and intensively implemented a set of methods quite similar to brainstorming, although they often aimed to more artistic than properly industrial goals. And I even remember that these young people had drawn certain consequences as regards the art of living – as to theirs at least. So, in terms of inventions, Osborn happened to be a bit late.

But additionally his initial Brainstorming method was probably far to "wild" to be widely accepted in an industrial context, so that it was soon rationalized to better meet industry needs, most particularly those of the commercial advertising industry. Which led to the invention of *Creative Problem Solving*:

> The main stages of Creative Problem Solving which are the clarification of the objective, the search for solutions and preparation for action, originate from the mixing of two processes, described on the one hand by Henri Poincaré (scientific creative process: impregnation, incubation, illumination and experimentation ) and by Graham Wallas and Richard Smith on the other hand (artistic creative process: preparation, incubation, intimation, illumination, verification). 8 stages (according to Olwen Wolfe's model, validated by Sid Parnes). The eight main steps are: 1 – Needs, 2 – Data, 3 – Objectives, 4 – Ideas, 5 – Criteria, 6 – Solutions, 7 – Membership, 8 – Action Plan.

One will suspect that the original Brainstorming is used during each one of these eight stages and that the Creative Problem Solving is not much more than an enumerated and iterated implementation of the original brainstorming, in the various dimensions rationally required by the Creative Problem Solving method. I would hence venture to say that Brainstorming and Creative Problem Solving are two slightly different modes of an industrial implementation of surrealist methods.

We note in passing the important – although post mortem – contribution of the famous mathematician Henri Poincaré, whose method in 4 points above significantly differs from

Descartes' Method, and seems to make a fairly large use of *the work of the unconscious*, as Surrealism does. From this to thinking that the creative mathematical activity is not fundamentally rational, there is only one step, which I invite the reader to make, and on which I will come back anyway.

Let's go on for the moment with my teaching advice :

"As the implementation of the Brainstorming method led us to establish a plan, we may now hope to get a little closer to the Moon. But nothing being more sneaky than the obvious, what does planning actually mean ?

> Planning implies a hierarchically organized set of actions in which different kinds of decisions are ordered in a functional way in order to think the future and to control it.

We are not so sure that it should be understood here that the "hierarchically organized" actions are necessarily actions "organized by the hierarchy", even though the hierarchy is supposed be essentially remunerated for ordering "the different kinds of decisions" and – among other things – "control the future"."

"In a clearer language and hence with a little

less of "managerial-style" of speaking, planning consists in implementing the Method described in Descartes' Discourse, or in Règles pour la direction de l'esprit. In other terms, to proceed to the implementation of an unbridled enumeration followed by a hunt for irrelevant (black) raccoons... But while however taking into account the hazards and possible risks encountered with the implementation of the plan as built from the use of the Method, which is wise. And probably we should reproach Descartes for not having thought of risk management. Fortunately Blaise Pascal then came to cover this hideous flaw with some elements of probability calculation."

"And so again, the work to be carried out is broken down and the risks and uncertainties are identified and assessed at each step by an intense use of Brainstorming. And if this decomposition is not enough – which is to be suspected as to what is to reach the Moon – we will establish sub-plans, then sub-sub-plans, for actions whose obviousness does not appear strongly enough."

"How will these sub-plans and sub-sub-plans be established ? How will risks and uncertainties be identified ? By an iterative and repeated use of Brainstorming or even of Creative Problem

Solving if necessary. In other words, by means of a rational and moderate industrial use of the inaugural methods of Surrealism. Or perhaps more precisely in a programmed implementation of surrealist methods."

Again where are labor and thought located? They are in the establishment of the plan, in other words in the *Brainstorming*, and in the (sequential or parallel) scheduling of the results of Brainstorming, which constitute the stages of the plan.

"In fact, the scheduling of the steps of the plan is not really either a matter of human work, or strictly speaking of human thought, because it can be entrusted to software as soon as the inputs and outputs of each of the steps have been identified.

And how to identify the inputs and outputs of each step? Well, by repeated use of Brainstorming or even, if necessary, of Creative Problem Solving. That is to say, again by means of a rational and moderate industrial use of the inaugural unbridled methods of surrealism.

Finally, monitoring the execution of the plan requires neither work nor thought since a computer equipped with the appropriate measurement sensors and suitable software will be more than enough to deal with it."

So, we see that the work of thought does not truly reside in the "rational" part of the method, a part which can often be automated and executed by suitable software, but on the contrary in the *irrational* part, i.e. Brainstorming.

We can then come back – yet now on an industrial ground – to the question I raised about Descartes' Method, that of knowing where and how the planning process stops.

It stops at the level where no *conscious* Brainstorming is any longer needed, that is to say at the level of the well defined and listed standard procedures  for the implementation of which no more thinking is required. At least theoretically... For, if the implementation of well-defined procedures sufficed to face the thorns of the Real, it would obviously be entrusted to machines, largely driven by computer software run by computer hardware.

The details of the implementation of the plan are therefore entrusted to *executants*, who will usually have to deal with the "simple" and "obvious" tasks assigned to them. Which actually means to use their personal or collective, conscious or unconscious Brainstorming once more.

But, more and better, they will be ask to feed the productivity improvements of the company with their own creativity (hence surrealist) via the *Kaizen* Japanese method and the famous cycle : *Plan, Do, Check, Act...*

This Japanese approach is based on small improvements made on a daily basis, constantly. It is a gradual and soft approach that is opposed to the more Western concept of brutal reform such as "we throw everything away and start over", or innovation, which is often the result of a geoengineering process. On the other hand, the kaizen method tends to encourage every worker to think about his work and to suggest improvements. So, unlike innovation, Kaizen does not require much financial investment, but a strong motivation of all employees. Consequently, more than a management technique, Kaizen is a philosophy, a mentality to be deployed at all levels in the company. The proper implementation of this principle includes:

A reorientation of the company's culture;

The implementation of tools and concepts such as the Deming wheel , Total Quality Management tools, an effective suggestion system and group work;

Standardization of processes;

A motivation program (reward system, staff satisfaction);

Active involvement of management in the deployment of the policy;

An accompaniment to change, when the transition to Kaizen represents a radical change for the company.

In summary, from one level of the hierarchy to the next (downwards !), from planners to executants, as the Situationist Internationale stated it : *the Power does not create anything, it just sucks the workers' creativity...*

# Encounters

Despite all the bad thoughts that everyone secretly feeds about these industrial methodologies, and despite the surrealist bolts and nots on which everything is actually working, all this does not work that badly. Rational though, it seems, works. And *apparently*, as a friend of mine says, "the logical mind, typically begins with a set goal in mind and then proceeds in linear fashion, in sequence, whereas a non-linear approach is random, usually, beginning and ending anywhere". Cars run, planes fly and ships sail. In short, once a goal has been established, Descartes' Method of industrial generation of (white) raccoons allows reasonably often to reach it.

Yet there remains a blind spot, a vanishing line: *how is the goal to be achieved determined?* For bankers, financiers and thieves, the answer is apparently simple: money is the goal to be achieved and everything else flows from that.

Although, while thieves do not need their victims' acceptance, bankers and financiers have to obtain it, and hence suggest that the transactions are fair – win-win – and balanced. So *customers must want something...* But *what must they want?*

"What should I want?" asks Rene Girard's Salome to her mother Hérodiade after having marvelously danced for the king's guests. "Ask for John the Baptist's head" her mother replies, who for some reason wants the death of the John the Baptist, whose speeches create problems in her life. And Salome, who most probably has no idea who this John the Baptist is, asks for "John the Baptist's head, *on a tray!*". René Girard notes that Salome's idea is an artist's idea.

But he immediately draws the conclusions that desire is based on mimicry, and that Salome just duplicated her mother's desire since she herself had no particular desire. And he then concludes that the mechanics of desire is ultimately nothing else than mimicry. This strong hypothesis however presupposes that the first desire, the one that was initially mimicated, was born by spontaneous generation. Not anyone who wants can be Louis Pasteur ...

Yet Salome, who does not care the slightest

about John the Baptist, either dead or alive, and thus does not care either about what her mother wants, has a desire of her own, which is to be offered a head *on a tray.*

And how did this desire come to her ? Well, summoned to the point of wanting something, she appealed to the resources of surrealist automatism, so that her unconscious provided a solution.

What happened next is an *encounter,* that of Salome's brand new artistic desire with that of Hérodiade's old and recurring desire, a rather utilitarian one. *Art is the movement of a desire that is elaborating itself.* How would rational thought have responded to Salome's need? It would not have answered at all, because for rational thought, such a question does not exist.

Cartesian thinking is actually *a thought of achievement, a thought of implementation.* A thought of the organization of work. The Method marks the moment when industrial thinking breaks in into the field of culture. Descartes is not the only symptom. Galileo and Spinoza, and many others, are thinkers and scientists of course, but they are also *craftsmen.* Galileo introduces measurement in physics. This is a craftsman's invention. Would you imagine that a professor in the universities of the time could have thought of measuring anything?

Descartes' Method is a thought of the division of labor, a thought of the organization of execution. Give it a goal, it will probably reach it. But although it relies on a certain autonomy of the movement of thought, it is fundamentally *heteronomous*. It is not meant to have desires, neither to have any will nor to decide. There is nothing aristocratic in it. It is not a noble's thought. It must be fed, provided with objectives and goals. It only moves when once it has been given orders.

It excels at providing answers, but does not seem to be able to *raise questions*. Yet it is much more difficult to raise a good question than to find the answers. In the early times of Artificial Intelligence, a truly algorithmic approach was in use, which was completely different from today's *(Neo-)connectionist artificial intelligence* which is based on artificial *formal neural networks*, that is on networks that are capable to learn, hence the wording "deep learning". In this now almost prehistoric era of AI, practitioners of the *Prolog* computer language, which was quite fashionable at that time and looked somewhat oracular, used to make jokes about it : "*If Prolog is the answer, then what is the question?*"

78

Similarly, industrial surrealism is a thought of execution. It bends, and exploits the autonomous movement of human thought in the directions required by the external will of firm managers. Abandoned to its own movement, it will enable to develop and realize in a better and better way, and this more and more economically and more rapidly *increasingly obsolete products*. And that is obviously what it does everywhere. But it does not know how to answer the question "What to do?" or "What to build? or "What to sell?". It is incapable of creating any radically new product and a firm whose catalog is aging and getting obsolete is doomed to disappear. Nothing is more pitiful than an industry that has nothing to sell. In order to create new products, what is required is something very different from rational thought. It requires having the right idea at the right time, in other words, *genius*.

# Genius

Genius can be found, at least some. I've met a few designers, software architects, or systems architects capable of creating whole products or systems that nobody had ever dreamed of before, or to make existing products in a radically new way. I have observed that they all had specific character features which rendered them, in the unanimous opinion of their hierarchy, almost *ungovernable*. Which the hierarchy tolerated fairly well, obscurely feeling that its own existence depended heavily on their finds.

These designers, these architects, it must be noted, *are not* Cartesian minds. Actually, one may think that Descartes himself was not a Cartesian mind either. It is doubtful that a strictly Cartesian mind would have the intellectual capacity to invent a method such as Descartes' method. Some kind of genius is far more suited for that than a "rational" mind.

These designers and architects I speak of above are not at all the kind of fairy-tale characters able to "solve problems", "answer questions" or "find solutions". They rather belong to the kind of "specialists" who excel at solving problems that have never been stated or at answering questions that no one had ever raised before. Not only are they unquestionably experts in *the science of imaginary solutions*, but even worse, their solutions constitute answers to problems that did not arise. In short, to problems that were themselves imaginary.

They are not strictly speaking rational people. *And they know it*. I once knew one of them who escaped from the company which employed him as soon as attempts were made to impose on him the methods of industrial surrealism. He immediately came to the service of the competing company and I recently saw that he had become the Chief Executive Officer of it. In Europe, this would be an exceptional case: this kind of individual, one usually gets rid of them as soon as they have fulfilled their task. A kind of quiet liquidation that can be observed even in reasonably open and "enlightened" countries such as the Netherlands, where I could witness such behaviors

Yet it is necessary to realize that without this

type of men (or teams), industry – and many other things – would not exist at all. These people are technicians, and hence they are *men of the art.* No one would nevertheless risk saying that they are artists, because that would sound strange and even bad style, you see. They are obviously not rational, they haunt regions of technology that, from the outside, one would rather tend to imagine as belonging to the realm of magic. This is however not the case, and it is not magic at all, but only the marvelous: they are merely *human thought at  work*.

It must also be considered that genius is largely a matter of chance. To be a genius, that is, to have the right idea at the right time, you have to be in the right place. Hence, one way or another, you have to be a professional. To point out that he was neither a mason nor a baker does not mean diminishing  in any way Albert Einstein's genius. His work at the patent office in Berne may be regarded as obscure, but at that time the still very fresh German Empire, stubbornly insisted on getting the trains to arrive right on time. This, in the Prussian fashion, that is to say, *absolutely* on time. One can guess that Einstein saw numerous patent proposals on the problem of synchronization of clocks, which is certainly not unconnected with the ideas of Restricted Relativity. Moreover, the first popularization books about Restricted Relativity in the early 1900s showed many examples of train movements and people moving in trains.

Of course, it is not enough to be in the proper job at the proper time. There is a coincidence that, among all those who are in the proper profession at the proper moment, only a few will have the new idea which the others will not have. Claude Shannon was not the only telecommunications engineer in the world when he invented the Information Theory (See Shannon's book *Mathematical Theory of Communication*). Besides, he was not alone, he was accompanied by Weaver. The path that leads to this theory is not very steep and it could have come to the minds of many others...

Let a transmitter, a receiver and a channel for transmitting signals from one to the other... The question that arises is to transmit as many messages as possible through the channel. As Nature did not invent the alphabet without the help of men, it is necessary to encode messages using some sort of alphabet and then transmit the encoded messages as physical signals through the channel in the most effective manner.

Now, unlike the NSA and many other public or

private organizations, a telecommunications engineer is not at all interested in the semantic content of the transmitted messages, and Shannon's theory is hence not concerned with it either. On the other hand, optimizing the signals for transmitting the characters of the alphabet is a problem for a telecommunications engineer.

Shannon's idea is to observe that it is advantageous to encode the most frequent characters of the alphabet with the simplest signals which will occupy the least (long) possible the communication channel and to use the most complex signals to encode the less frequent characters. It is therefore natural to consider that the least frequent signals contain more information than the most frequent signals. This means that the larger the (relative) surprise, the greater the amount of information associated with it. Shannon's true stroke of genius resides, in my opinion, in having elaborated out of the technical situation to which he was confronted, a quantifiable notion, purified of any other semantics than that related to the problem posed. To do this, we have to make things more abstract. It seems that he alone did it.

But the random aspect of genius is not reduced to that. It is necessary that the idea, the good idea, the beautiful idea, happens to you at a time when it is acceptable by the rest of humans. It is not to be injurious to Leonardo da Vinci's genius to observe that most of his inventions did not arrive at the right moment.

This is one aspect of things which is very close to the much more general situation of *Darwinian preadaptations.*

> It must be acknowledged that Darwin had several brilliant ideas. Among these is what is now called the Darwinian preadaptations. Darwin pointed out that a given organ – let us say the heart - could have causal characteristics independent of its function and devoid of any selective influence in its normal environment. One of these causal characteristics could nevertheless provide a selective advantage in a different environment. [...]
>
> Darwinian preadaptations are plethoric within the biological evolution. When one of them occurs, it usually generates a new functionality within the biosphere – and thus in the universe. A commonly cited example to illustrate this: is the case of the swim bladders of fishes …
>
> Réinventer le sacré - Stuart Kauffman – Editions Dervy – P194

The swim bladder, as its name indicates, is a device for regulating the floating of fishes. It is derived from a kind of primitive lung, itself derived from a diverticulum of the digestive tract. In other words, the primitive lung of the fish, which was initially only a highly irrigated organ providing a rather complementary respiratory function to that much more fundamental of the gills, was finally found to provide the much more critical function by means of which a fish can move freely and effortlessly into the water without permanently fighting for not sinking to the bottom or rising to the surface. Sharks and some other fish are not able to do that. They have no swim bladders. They must hence make efforts not to sink or to stay at the suitable water level.

Thus, in the case of Darwinian preadaptations, the function does not create the organ, nor does the organ create the function. What creates the function is the *encounter* between the solution to a problem that did not arise on the one hand and, on the other hand, an environment in which the problem that is solved only reaches a clear expression through the irruption of its solution.

In other words, what happens in Darwinian preadaptations, as in the case of an idea of genius, is something more than luck. *It is a transformation of the general context of the problems and questions themselves.* A kind of modification of something like the semantic field surrounding the (not posed) problem  and its (miraculous) solution.

By inventing a measurable notion of information, Shannon does much more than have a good idea at the right time, he changes the course of the thought of his time, resulting among other evolutions, in a new interpretation of entropy (See Brillouin) in classical physics and maybe some modifications of ideas in quantum physics.

What is fundamental in thought as well as in Darwinian preadaptation is their nature of *encounter*. And one cannot fail to remind of Pierre Reverdy's famous remark:

> The image is a pure creation of the mind. It can not arise from a comparison but from the link created between two more or less distant realities. The more distant and righter the relations of the two close realities, the stronger the image – the more emotional power and poetic reality.

The swim bladder was not born from a comparison with the lung. Nor did Shannon's Theory of Information arise from a comparison with the contents of newspapers. What really happens in creative thought as in Darwinian preadaptation is *an incomparable encounter.*

# PART 2

# ROOTS
# OF
# IMAGINATION

# Imagination in Mice

Precisely, it is not insignificant to recall that the world – or more exactly the approach to the world by living beings – is a geographical object, or at least a geometric one. Is it possible to deduce the shape of the Universe without leaving it? Henri Poincaré believed it. Like the Greeks who were able to identify the spherical nature of the Earth (and even calculate its diameter) through mathematics, he proposed that we should be able to draw equivalent conclusions about the Universe.

How do living beings manage to orient themselves in the world? It depends, of course, on the species, but as far as mice are concerned, research that is already a bit old, but crowned by a triple Nobel Prize in 2014, gives an idea of how things work. It is probable that the general biological principles implemented in the case of mice can be extended to other species of mammals, including ours. The following quotations are taken from two of the radio programs in the series On Darwin's shoulders, by Jean-Claude Ameisen devoted to the triple Nobel Prize in Physiology or Medicine 2014 which rewarded the work of John O Keefe, May-Britt Moser and of her husband Edward Moser, work relating to spatial localization in mice.

John O Keefe discovered and identified *place cells*.

> In 1971, as he developed his research at MacGill University in Montreal, while recording the activities of individual nerve cells in the hippocampus in rats that were freely moving in a room, John O Keefe discovered that some nerve cells were active when the animal was located in a particular place in the room. He showed that the activity of these cells, which he called place cells, did not simply reflect what the animal saw but that they actually constructed a map of the room. He concluded that the hippocampus creates many maps of the environment, each map being made up of all the cells that are active in a given environment. And so the memory of a given environment can be stored into memory in the form of a particular combination of locus cells activities in the hippocampus.

It is important here to note that memories of places are not recorded in the hippocampus in a static way. A given memory is constituted by the synchronous *activity* of a given group of place cells. That means that if some cells of this group are not activated, then the same group of cells will possibly correspond to a different place. This is in line with an intuition of Gaston Bachelard who said that *we do not have a memory,* but that *we remember.* He was hence putting a stress on the fact that memory is not organized as a kind of store, but is made of the dynamic activity of the brain. This clearly shows that the brain is not at all organized as a computer.

However, it appears that maps of the various locations visited by a given animal is not enough for mice to move safely in their environment. May-Britt and Edward Moser discovered another type of cells involved as a part of mice brain navigation system that they called *grid cells.*

More than 30 years later [...] May-Britt and Edward Moser discovered another essential component of the brain navigation system. While they were recording the activity of hippocampal cells in rats moving freely in a room just as O Keefe did, they identified surprising activities in another family of nerve cells in a neighboring brain area close by the hippocampus, the ento-rhinal cortex. They named these cells, grid cells, and showed that these grid cells constitute a system of coordinates which makes it possible to navigate through space.

Unlike a place cells in the hippocampus that activates at a specific location, activation of a grid cell in the ento-rhinal cortex breaks down the surrounding space into a regular grid that forms a triangle or a hexagon, and the grid cells together divide the surrounding space into a regular hexagonal grid that resembles the wax alveoli networks built by bees. This breakdown is created by the brain, it does not pre-exist in the external environment, it continues to occur even when the animal traverses a room in complete darkness.

This regular grid entirely and regularly maps the surrounding space. It provides some kind of way of estimating distances, as well as a basis for locating in space the various places identified by place cells.

And so the discoveries of John O'Keefe and May-Britt and Edward Moser revealed two essential and complementary components of the learning and memorizing of space. A memory of the exact places where we once found ourselves [each memory of the places visited is recorded in a specific activity configuration of a group of place cells], a form of autobiographical memory : this the precise place where we were and we remember the journey we made. And a memory of the topography of the environment in which we made our journey, that is inscribed on a grid plan, in a grid of hexagons, as a system of coordinates which makes it possible to deduce the distances and the borders all around the place where we are. A memory of the map of places and a precise memory of our journey through these places.

In the rest of the radio program, Jean-Claude Ameisen supplements the results obtained by John O Keefe, May-Britt Moser and Edward Moser with a few other results from adjacent or more recent studies.

One of the studies cited deals with the process of memorizing the places visited:

Studies in mice that are on a route, indicate that each time they take a short break or stop to eat, the film of the journey they have just made, the succession of the different locus cells activations is displayed back again and again several times in an accelerated way in their hippocampus, the route they used to reach that place and the route back. The route they used to reach the place, is the film of the paths they have used to get where they are. And the way back is the film of the path that they would have to take if they had to go back, to return to their starting point, that is, if they had to escape…

These accelerated repetitions of the film of the journey are based on the fact that the capturing of this film in the hippocampus is not performed in a continuous way, but, as happens in cinema, in the form of sequences of more or less static images.

[…] The time component, the duration of the completed journey is compressed, accelerated. A journey of several seconds is redeployed mentally in the much shorter time of a tenth of a second. […] the maps of the places traveled […] are pruned by numerous details.

This has now been established by recent sciences of the mind. See for instance Lionel Nacache's book *Le Cinéma intérieur: Projection privée au coeur de la conscience.*

This mechanism of course allows a huge compression of the information stored in memory. This is why time compression in dreams and daydreams is both inevitable and possible…

Later, while they are asleep, the film of these successions of maps that begin to move towards their lasting memory, will be repeated a greater number of times, while being slowly stored in the mice long term memory, partly migrating into different areas of the brain cortex.

What is important to note above is that the film created in the hippocampus and in the entorhinal cortex is not « stored » as such in the long term memory but is priorily *fragmented* into pieces that are disseminated in various places of the long term memory.

It is also asserted above, that sleep and day dreams play a role in long-term memorization activities, or at a minimum take place in parallel with long-term memorization activities. It is not clear to me whether the role of dream (both night and day dreams) in memorization processes has been clearly identified by psycho-analysis, but it seems clear that sciences of the mind have now established this point.

It appears that the kind of continuity between nocturnal dreams and daydreams, as exposed by André Breton in *Les Vases Communicants* is now, so to say, objectively and scientifically established, at least in mice. It is therefore a process that is in no way restricted to the human, poetic or artistic domain, but a mode of functioning of the brain that is common at least to mammals.

But there is more. Memories are also the raw material used by the brain of mice for the elaboration of *anticipations* as shown by the following 3 studies.

The first of these studies dates from 2011 and is published by the team of another Nobel Prize winner: Susumu Tonegawa. It shows that memories of places are constructed through numerous repetitions during the spontaneous activity of the hippocampus.

> In 2011, a study by G. Dragoi G, and S. Tonegawa of the MIT Department of Brain and Cognitive Science in Boston is published in Nature. S. Tonegawa after receiving in 1987 the Nobel Prize for Physiology and Medicine for his work in immunology engaged in neuroscience research to explore the mysteries of memory.

Tonegawa was not the only Nobel Prize to switch from immunology to neural sciences, this was also the case for Gerald Edelman who was awarded a Nobel Prize for Physiology and Medicine for works that also related to immunity, and who also later engaged in works in "cognitive sciences". We will see the logical and biological reasons for this further on in this book. But the root reason is that the adaptive immune system, just like the brain is also *a knowledge system* that is able of creating *anticipations* of the future.

For the time being let's focus on the results of 2011 Tonegawa's study :

> The study involved mice and revealed a strange relationship between memory and the anticipation of the future. Mice perform a route along an artificial trail that has particular topographic components.
>
> When the mice arrive at the end of the first part of the route where the researchers placed food, they stop, eat, sleep, or fall asleep. And during their siesta, or during their sleep, the succession of journeys they have just traveled is projected as a film repeatedly in their hippocampus, while beginning to register in their lasting memory.

These findings again confirm the role of repetition in memorization, a role that is already well known to us since this is how we, human beings, learn things "by heart". Formal neural networks simulated using computer software proceed in the same way, but the number of repetitions required for these networks to learn identifying a given form is huge: tens or hundreds of thousands repetitions or even millions. It seems hence very probable that biological memorization mechanisms are far more efficient than the ones currently used in computer simulated formal neural networks.

## This 2011 study also shows that memories provide the basis for the processes of *anticipating* future journeys...

But this study also identified another surprising and hitherto unknown phenomenon. When the first part of the track traveled ends with a gate that prevents the mice from seeing the rest of the course, during their rest or during their sleep a series of apparently random variations on these paths occurs. A succession of new, changing, open paths appears in their hippocampus. As if during their rest and during their sleep an anticipation of the possible topography of the invisible sequence of the journey was invented, an exploration of an imaginary still unknown geography. As if, during rest and sleep, the memorization of the future course in the unknown part of the track was being prepared, a repertoire of possible pre-adaptions to a still unknown topography, but which could share some common characteristics with places that have just been traveled and are in the process of being memorized.

## The second study dates from 2013 and is again due to S. Tonegawa's team. It confirms and clarifies the results of the first study by providing an idea of the number of anticipatory paths created by mice during their sleep: approximately about fifteen different anticipations...

And two years later in spring 2013 G. Dragoi and S. Tonegawa published their explorations of this anticipation of the future in mice. The study G. Dragoi and S. Tonegawa has been published in the proceedings of the US Academy of Sciences. It indicates that in mice placed in front of the closed door of a track that they have never seen before, during their sleep while in their hippocampus variations of activation of the place cells are happening on the theme of old paths, altogether, these variations lead to the emergence of about fifteen future journeys that mice have never yet used.

The third study, carried out by an independent team, confirms the results obtained by S. Tonegawa, but this time it concerns anticipations which appear as activities of the hippocampus of mice *in the waking state*. "See in the future" was the title of the commentary accompanying this publication.

In May 2013, when the study of G. Dragoi and S. Tonegawa was published, another study was published in Nature by two researchers from the Department of Neuroscience at John Hopkins University in Baltimore, Pfeiffer and David Foster. They had analyzed the activity of locus cells in the hippocampus of mice, not during their sleep, but during the moments before they began to go in a given direction either to fetch food or to return to their shelter. The mice are resting for a while and then they will leave and while they are resting they travel in their hippocampus the route that they will follow even when the route they are going to choose is new and they do not know it. And so before engaging in a particular journey, this path is prefigured in their brain before they start to use it..

The three studies cited above therefore agree on a crucial point, which is the production in the hippocampus of anticipations created from random *re-compositions of fragments* of recent or older memories. In other words, mice imagine the path to come, which may turn out to be more or less in line with the imagination they have formed of it from random variations derived from memorized fragments of their past experiences.

It is fascinating to see here at work a much lesser known part of the Darwinian mechanism. A mechanism which is still rather improperly called "natural selection", or even worse, "survival of the fittest". The term has caught on so much, that people are most often blinded by the word "selection". Few of them still seem to realize that a prerequisite for any selection to be possible, is that there must first be something to select. In other words, "natural selection" would be a meaningless idea if it did not refer to its essential prerequisite which is "*natural creation*".

In the case of the fifteen new paths constructed by random variations on the basis of memorized fragments of old paths in mice, we find ourselves precisely in the presence of natural creation at work. Of course, only some of these invented routes – or perhaps none of them – will be close enough to the actual future route and will therefore be "selected" but whether they are "selected" or not, they will have prepared mice to what awaits them in their future.

According to Erwin Schrödinger in his book

*What is Life* ? (and more recently and more generally, in the sciences of the mind), we do not perceive reality, but the difference between reality and the permanently constructed anticipation of the world that is performed by our brain. Which, when you think about it, is much faster and more effective than analyzing reality, or even parts of reality, on any occasion. And in other words, what we call reality is essentially a (re-)construction of the brain.

A detail that people pay surprisingly little attention to, is that it is much easier, much faster and much less costly to *correct* an anticipation that is a little wrong than to build a new anticipation from scratch.

What does it mean to "prepare for the future", what does it mean to "anticipate"? How is it even possible ?

Some idea of this can be gained by examining the data compression procedures used, for example, for the inexpensive transmission of static graphics or video data. The basic idea is to exploit redundancy within an image for static images, and further, to exploit redundancy between images for video data transmission.

Indeed, inside a given image, there are areas,

104

ranges, of the same color and/or the same luminosity, for which a large number of pixels are identical. With a view to transmission, it is therefore sufficient to encode the color and luminosity values of a single pixel, then to count the number of pixels having precisely these values and then to transmit this information. This is obviously much more concise and much more economical in terms of transmission than sending the color and brightness values for each one of the considered pixels.

For video data, the fact that in two successive images a large number of pixels will be identical can also be used, because it is rare for all the pixels to change values from one video image to the next. It is therefore sufficient to transmit only the pixels which have actually changed from one image to the next.

This means – and this point is fundamental – that *the content of any one image predicts the content of the next image "relatively well"*.

The same is true in reality – or at least in what we capture of reality through our senses – and even more so through the representations that our brain develops and reshapes at every moment. The changes that occur in reality are relatively gradual. Even when they appear abrupt to us, they are in fact almost continuous. That is to say that they made up of a very large number of small successive variations. This is what their analysis reveals when we record sudden events with a fast camera and replay the film in slow motion.

In other words, again, in real life, a given situation is a "not too bad" prediction of the next situation. And anyway, this "not too bad prediction" is *better than no prediction at all*. In other words, *we live in a world where experience matters*. It's amazing. It could have happened that the world was dizzyingly chaotic and experience hence useless. But such is not the case.

What does it mean to have gained experience? It means having constructed a representation that "on average" (or more generally "statistically") is "not too far off" from a number of "frequent" situations.

Of course, this representation does not fall from the sky, but it is elaborated from our memories. Anticipating the future, then, is somehow "playing" with those memories. And when I say "play", it should be understood a little in the sense of play in mechanics, which consists in giving a little freedom to a mechanical device in such a way as to allow it to adapt to the circumstances of its operation. When there is no "play", a mechanical device gets stuck and/or breaks.

This means that our anticipations must somehow incorporate some additional "degrees of freedom" that have to be added to the fixity of any of our memories. How are these degrees of freedom achieved in mice? By randomly composing pre-existing memory fragments to derive a number of "predictions" – about fifteen predictions from the experiments cited above.

# Immune Imagination

A similar process of natural creation is implemented in the mechanism of acquired immunity (that which allows vaccination.) which allows our daily survival. Since cells do not have eyes and invaders (bacteria, viruses or others) do not wear uniforms or carry flags allowing them to be designated as enemies, the immune system must first identify them as such, and above all not confuse them with the cells of the organism themselves. In other words, before thinking of destroying it, it is necessary to first identify and mark the enemy.

Given the great diversity of living organisms, the enemies are numerous and very diverse, so that the markers making it possible to identify them (by chemically binding to the molecules of their membranes, since on such a scale, we may only speak of chemistry) must also be extremely diverse. This challenge is met by a mechanism of *natural creation* quite comparable to that of the imagination in mice.

Immune system cells responsible for producing the markers have segments of genetic material that are *first fragmented and then recombined* to create an enormous variety of random "genes" intended to lead production of marker proteins. This results in the creation of an enormous amount of different markers, which will be able to bind to the membranes of past, present or future intruders, or even of intruders who have never appeared or will never appear. So it is the intruder that selects "its own" particular type of marker.

https://fr.wikipedia.org/wiki/Syst%C3%A8me_immunitaire_ada ptatif

When a cell expressing a marker binds to the intruder by means of this marker, this cell begins to proliferate in such a way as to reproduce many copies of this marker. In other words, the generation of the type of markers specific to the intruder is amplified by intensive reproduction of the type of immune cells expressing this marker once it has "hit the mark" by binding to the intruder.

"A human being is a priori capable of producing nearly a trillion different antibodies. Millions of genes would be needed to store so much information, yet the entire genome contains less than

110

25,000 genes. The multitude of antigen receptors is produced by a process called clonal selection. According to the theory of clonal selection, at birth, an animal randomly generates an immense diversity of lymphocytes, each of which expresses a unique antigenic receptor from a limited number of genes. In order to generate unique antigen receptors, these genes undergo the V(D)J recombination process, during which each gene segment recombines with the other to form a single gene. The product of this gene thus gives an antigen receptor or a unique antibody for each lymphocyte, even before the organism is confronted with an infectious agent, and prepares the organism to recognize an almost unlimited number of different antigens".

Cf.https://fr.wikipedia.org/wiki/Syst%C3%A8me_immunitaire_ adaptatif#Diversit.C3.A9_du_r.C3.A9pertoire_immunitaire

We can therefore see that the adaptive immune system demonstrates a certain form of imagination (chemical and biological), and it does so precisely by relying on *chance*. In other words, the immune system *uses the internal chance* of mutations, fragmentation and re-combinations *to counter the external chance* represented by the various enemies and intruders.

So why rely on chance? Because the amount of information required to produce these markers is so enormous, that it can in no way be recorded in genes (humans only have 26,000 genes). Genetic memory, even associated with the collective dynamics of proteins encoded by genes that allow the functioning of the cell, is not flexible enough, nor rich enough, to oppose the very many dangerous situations that adaptive immunity has to face.

In the same way, the imagination device in mice uses the internal chance of fragmentation, and then random re-combinations of fragments of memories to anticipate the external chances possibly linked to a new path.

Fragmentation and recombination... This is what happens in a *collage*. But then, even deeper, how not to think of Stéphane Mallarmé's poem: "Never a throw of dice will abolish chance, any thought emits a throw of dice"?

https://fr.wikisource.org/wiki/Auteur:St%C3%A9phane_Mallar m%C3%A9

https://fr.wikisource.org/wiki/Un_coup_de_d%C3%A9s_jamais _n%E2%80%99abolira_le_hasard

How not to also think of the aspects of enumeration without control implemented not only in what I named above the methods of "industrial surrealism", but also in the truly creative aspects of the Method proposed by Descartes himself.

# Human Imagination

If we consider the movement of the arts at the end of the 19th century and the beginning of the 20th century, we see that Mallarmé's poem is rather logically followed by a number of dadaist and then surrealist experiments, which, precisely, are based on chance. An intellectual movement, which, not only brings out a certain quality of absurdity, intended to respond to the monstrous absurdity of the Great War, but also turns out to reveal what *the real functioning of thought* owes to chance, as had been "guessed" by Mallarmé in *The Night of Igitur.*

https://fr.wikisource.org/wiki/Igitur

Surrealism comes next, which sets itself the task of studying and *expressing the real functioning of thought...* But Surrealism refers a bit too quickly for that purpose to what is know of the unconscious in his time, and then to the Freudian unconscious – which, as we know, provides a ready-made answer to almost everything. So that Surrealism fails guessing what the mice teach us. Namely that the unconscious and the mechanisms of the imagination are themselves based on *setting chance to work*.

But surrealist chance is different from Dadaist chance in the sense that what it uses, what it composes, what it organizes, is not the raw, exterior chance that Dada had put to work, but *internal chance*, the randomness of the unconscious, the biological randomness implemented in the human brain itself, which in all likelihood, is not essentially different from that used by mice. The apparent chaos revealed by automatic writing *is not chaos*, it is organized more or less into groups of words, into expressions, sometimes even full sentences. This is something quite different from words pulled out of a hat.

Automatic writing is actually comparable to the genome elements and the more or less functional pieces of genes that viruses carry from one species to another, thus creating new genetic traits that are much more likely to be functional than those created by simple random mutations at lower molecular levels.

Among other things, the genetic item that makes placental mammals of us is of viral origin.

On the other hand, it is, by far, very excessive to consider that Dada only used raw external chance. The use of external chance in Dada is only one manifestation of the more general attitude of letting mental movement go where it wants and somehow trusting it.

So that, we can say that Dada is already essentially surrealist, and that Surrealism certainly represents a certain level of awareness of what Dada does (and of many other things...), but that, despite Breton's remarks relating to *objective chance*, surrealism did not fully understand the real meaning of chance in Dada.

The fact remains that by invoking chance, we are not very far from invoking the gods. Or at least one god. "The god of chance, the only real one" as the Belgian surrealist Louis Scutenaire said.

https://fr.wikipedia.org/wiki/Louis_Scutenaire

How does the brain go about producing random or "seemingly random" variations? Is the brain a sort of randomness generator, as Mallarmé thought in *Igitur*, or is it a pseudo-random mechanism, that is to say a deterministic biological mechanism allowing production of a diversity of such magnitude and such richness that it seems random to us?

And besides, in terms of chance, is monotheism appropriate? Is the god of chance unique? Is it legitimate to speak of chance or shouldn't we rather speak of different kinds of chance ? Indeed, in mathematical theories and practices relating to probabilities, one always begins by constructing the set of possible events. Critical step if any, because any error in the identification of this set will lead to slyly erroneous calculations and conclusions. In other words, in mathematics, chance is always relative to *a given context*.

This point is not a detail, as it is mathematically incorrect to speak of a set of all possible events in the absolute. This would lead to constructing *the set of all sets*, a thing notorious enough known to lead to logical contradictions that would ruin the whole mathematical edifice. Mathematically speaking, we are therefore forced to speak of chance in the plural, of different kinds of chance and relative to various contexts, rather than of any kind of one single general and absolute chance. This raises the question of the diversity of the types of contexts where chance comes into play, of their categorization and classification, and, where appropriate, of their use.

Biologically speaking, this raises a slightly different question, that of what types of chance, arising from what types of contexts, are actually used by the processes of natural creation. Does life only use the process of fragmentation-recombination of genetic material involved in adaptive immunity, or of fragmentation-recombination of memories in anticipatory mechanisms as seen in mice? Or, on the contrary, does life use lots of mechanisms of a different nature?

By the way, there is yet another aspect in biology that works in the same way : fragmentation and then random recombination of genes. This is also what happens in the conception of a new human being when the genes of the two parents are mixed. And it is this game of chance that makes us all different individuals, even within the same family. By the way, this situation shows as eminently ridiculous, the idea of "an individual transmitting *his* genes"... "His genes" will again be randomly mixed with those of his or her lover. Genes do not belong to indivisuals, they only belong to the "genetic pool" of the species.

Now, from the point of view of thought, what

types of chance are implemented in the "fabrication" of the human imagination?

Moreover, if we consider – as everything invites us to do – the quality and quantity of the fragments of memories that are recombined by the brain's imaginative function, will the imagination be richer and more powerful if it is elaborated from richer, more varied memories, and if these memories happen to be recombined in a more "hazardous" way.

If this were the case, then the study and classification of various sources of chance could assume a critical aspect for the future evolution of thought, be it natural thought or synthetic thought forms such as they are currently being developed via formal neural networks and their stacking in multiple layers which is popularly said to be the basis of "deep learning".

We will not go further here in this direction, which would require experiments and studies that remain to be imagined.

# PROVISIONAL CONCLUSIONS

So-called "rational thinking" is probably not thinking at all, but rather a kind of "post mortem" methodical organization of the results of much "wilder" thought processes, whose biological roots are now beginning to be guessed.

It is obviously undeniable that this methodical organization of results finds its source in the spirit of ancient Greek geometry from which the mathematical proof was born. But the modern updating of this ancient spirit is clearly of bourgeois and industrial origin. Anyone could have found the clue of it in the etymology of the word *ratio* which relates to accounts and calculations. Now, which is, par excellence, the class that counts and calculates? The bourgeoisie of course.

But the bourgeoisie being a merchant class, it must strive to convince by other means than brute force, which is more generally used by the aristocracy, the nobility and the various variants of state or non-state mafia organizations. Surrealist vindictiveness against rational thought is therefore certainly not unfounded. But the surrealists should have better understood the nature of what they were confronted with, and the real identity of their enemy. And therefore they should also have better understood the actual nature of surrealism and more precisely of what kind of revolt surrealism was the thought. This does not seem to have really taken place, neither in historical surrealism, nor even in fact, as far as a broader understanding of historical surrealism is concerned, during the situationist adventure. And this although the situationists were politically much better armed than surrealists.

However, identifying the bourgeois origin and nature of "rational thought" certainly does not mean adopting an attitude of anathema or rejection in this regard. The bourgeoisie has accomplished great things, great and very good things as well as great and very bad things. Human emancipation usually progresses by overcoming, by making one or several steps *beyond*, and overcoming has never been based on anathema, nor on simple rejection. Rather, it is about experimenting and understanding more broadly what the human emancipation movement is overcoming, whether consciously or not.

Important results of poetic and artistic thought, stemming from late Symbolism (e.g. Rimbaud, Mallarmé, Valéry), Dada, Surrealism and the Situationist adventure are now beginning to be at least partly validated by recent biology and sciences of the mind.

It can be extremely dangerous and perhaps even disastrous for a movement of thought to happen to be victorious to such a point. For the moment, the said movement of thought is in no way aware of the considerable extent of its victory. Nor does it know that what it invented was already implemented in very ancient biological mechanisms.

This raises the question of how this movement of thought will now be able to continue (as it should and *must* do). Despite the current evident drying up of poetic and artistic thought, it may seem doubtful that art is dead. Mainly because art is beginning to realize that it is rooted in biology itself, like the example of Papua New Guinea bower birds obviously shows – among many more discreet examples.

It is much more likely that art will have to move forwards towards other playgrounds and work with other tools, which may no longer be identifiable as relating to the pursuit of the same adventure by other means and on different sites – other territories.

It is very important and even critical, that the thought of the imagination continues, in many respects, of which more particularly the fact that any poetic crisis constitutes at the same time the symptom, the effect and the cause of economic crises and more generally of civilization crises, including the one currently in progress.

We can already identify some of the possible directions that would make it possible to relaunch a properly creative activity in order to go further "to the depths of the unknown to find something new" (Baudelaire) :

• The resumption of work on chance, the various kinds of chance and the way of "putting them to work" in thought, and in Ars (i.e. Art, Science and Technology)

• A sort of bio-mimetic creativity which would be based on the creative mechanisms implemented by life, of which only a few have been cited here, but which are incomparably richer and more varied than I could suggest it in a few pages and, above all, an enormous part of which is still probably unknown to us.

• An informed, educated and *symbiotic* approach to ongoing "artificial intelligence" developments.

The irruption of current developments in

artificial intelligence is essentially to be feared only because of the orientations taken by the forces which govern its development. This development as we now see – and not only in China – is, for instance, largely driven by the needs of facial recognition, in other words by the needs of the Police. There is no fatality in this. Such a thing was only possible through the intervention of a whole bunch of Père Ubu like Xi Jing Ping, Putin and many others. Artificial neural networks were no more born for this destiny of surveillance and denunciation than a newborn human is biologically programmed to join the Police.

How not to realize that this is nothing particularly new, and that it has been so for several centuries (at least !). All technological choices made in the capitalist period have always had – and still have – class struggle as their essential rationality. That is to say the merciless, permanent and constant struggle waged by the Rich against the Poor. Technological choices within the capitalist world are therefore weapons of social war, and as such, they can only be harmful.

If technology seems harmful – and is currently largely so – this is by no means a fatality or even an essential, fundamental or intrinsic

characteristic of technology. Much more simply –
as Marx clearly saw – Capitalism consists of the
*exclusive appropriation of production means*,
that is to say of technology. In other words,
technology is the collective, but exclusive,
property of the bourgeoisie, that is to say of a
class which is perpetually at war against all the
others, and which is, in fact, at war against the
entire universe. For, what else Descartes'
program of "making us masters and possessors
of Nature" would mean? It is therefore quite
difficult to see how technology development
could not be *entirely decided and determined by
its very owners*, namely the capitalists.

It may seem obvious that the ongoing spread of
Neo-liberal (i.e. conservative) ideas of
competition between man and machine is
extremely threatening. In this idiotic game,
humanity has everything to lose, possibly even
its very existence. But it is enough to remember
that the word "robot" finds its origin in a Slavic
term which means "worker", to understand that
such a fantasy is also rooted in a kind of
underground perception of class struggle, taken
to a simultaneously comic, cosmic and cosmetic
level.

Intuition, observation and... Yes, even reason
itself, should since long ago have led to the

natural, biological and obvious idea of *symbiosis* between men and their tools, as has been the case for hundreds of thousands of years. To realize this, it suffices to take as an example this particular tool that is *language*. Language conditions thought to such an extent that some people have come to believe that there is no thought without language – a risky thesis, to say the least. And yet, is anyone trying to find out who is the strongest of man and language?

It is not, it has never been, a question of rejecting or accepting our tools, no more than denying or accepting nature, but of learning how to **live with them**.


March 2017, March 2020, March 2022

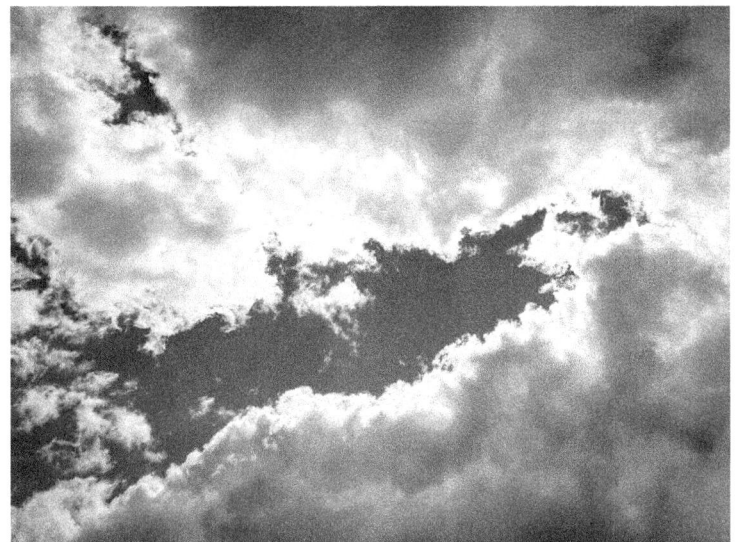

Photo : Zazie

# Pensée Rationnelle
# et
# Imagination

# Table des Matières

# 1 - La Méthode

# Introduction

A entendre tant de gens opposer la pensée rationnelle ou « technique » ou prétendument « instrumentale » à d'autres modes de pensée, j'ai fini par me demander ce qu'ils pouvaient bien entendre par pensée rationnelle. D'autant, que quoique surréaliste, informaticien et même un petit peu mathématicien, je ne me suis jamais senti le moins du monde schizophrène. De sorte que, toute vulgate tue, il m'est venu des doutes. Qu'appelle-t-on pensée rationnelle ? Pareille chose existe-elle ? Et pense-t-elle ?

Dans le domaine de langue anglaise, en matière d'esprits rationnels, on pense presque immanquablement à Sherlock Holmes, à sa logique imperturbable et à ses célèbres "élémentaire mon cher Watson !". Et il faut dire que la littérature policière passe souvent pour l'exemple même de la rationalité et de la logique à l'œuvre.

Mais si, passant subrepticement de l'espace britannique à l'espace français, je tente de me souvenir des rares relations que j'ai pu entretenir avec le roman policier, il me vient tout de suite à l'esprit l'antique série télévisée *Les Cinq Dernières Minutes*, son fameux Inspecteur Bourrel et le célèbre « Bon Dieu ! Mais c'est... Bien sûr ! » qui annonçait la ponctuelle fulgurance où l'identité des coupables jaillissait soudain hors du chaos ordinaire de l'enquête dans l'esprit du bon inspecteur, juste cinq minutes avant la fin de chacun des épisodes. Ensuite, pendant les cinq minutes qui suivaient, venait l'explication, logique évidemment.

Je m'étonne que l'inspecteur Bourrel, français donc cartésien, puisse se prévaloir d'un éclair de l'esprit là où son homologue britannique tente de nous convaincre qu'il suit le lent, patient et méthodique chemin de la logique. De sorte qu'un mauvais esprit me souffle qu'Albion pourrait bien en cette espèce nous asséner l'une de ses perfidies, tandis que de l'autre côté de l'English Channel, nous autres, n'y serions pas moins francs que nos ancêtres. On m'a objecté que j'exagère, et que l'intuition et les fulgurances jouent aussi leur part dans la progression de la pensée chez Sherlock Holmes. Bien sûr ! Mais ce dont je discours ici, ce n'est nullement de la réalité, mais de la manière dont on en parle.

Et il me vient aussi que dans l'un et l'autre cas, que ce soit chez Holmes l'élégant ou le bourru Bourrel, la raison et la logique ne s'exposent qu'à la fin.

« L'oiseau de Minerve ne prend son vol qu'au crépuscule »

G.W.F. Hegel.

La chouette ne prend son vol qu'au crépuscule sans doute, mais pas Minerve, dont on se souvient de la naissance, jaillissant toute armée du cerveau de Jupiter, ce qui semble donner le point à l'inspecteur Bourrel, tandis que le vol rationnel, élégant et feutré de la chouette de Sherlock Holmes n'atteindrait la première place du tableau d'honneur qu'au titre de conséquence des fulgurances de Minerve soi-même. Au bout du compte, la chouette ne se perche qu'au bout d'un conte : le récit toujours tardivement conclusif de la logique.

# Descartes

Mais il nous faut bien sûr interroger Descartes… Il m'est advenu de relire Descartes il y a quelques années à l'occasion d'une discussion tardive avec l'un de mes collègues de travail qui enseignait la conception logicielle (ou software design). A l'époque, la mode était à la conception structurée (aussi appelée approche Top-Down) dans laquelle, un programme principal, supposé réaliser le travail à accomplir, faisait appel à des sous-programmes qui réalisaient certaines sous-tâches et qui eux-mêmes en appelaient des sous-programmes qui réalisaient des sous-sous-tâches, etc.

Au total le travail à réaliser faisait intervenir toute une arborescence de travaux, de sous-travaux et de sous-sous-travaux. Cette approche – dont le lecteur sent bien qu'elle doit beaucoup à la vision courante du Discours de la Méthode de René Descartes – est depuis lors presque tombée en désuétude au profit de ce qui s'appelle l'approche par objets qui ressemble davantage au travail d'un romancier ou d'un auteur de théâtre imaginant le texte de son œuvre sur la base des interactions de quelques personnages préalablement bien définis, ou bien dont la définition s'affine progressivement à mesure que l'œuvre mature.

La question que je posais alors à mon orthodoxe collègue, ardent zélateur de la Méthode du Discours était la suivante : « Je comprends bien », disais-je, « qu'à découper le problème en morceaux de plus en plus petits, on finit par trouver quelques petits bouts qui soient justiciables d'une solution, et qu'en assemblant ces petits bouts de solutions, il existe de bonnes chances qu'on parvienne à résoudre l'épineux problème initial. Mais qu'est-ce qui t'assure que la solution ainsi obtenue est optimale ? ».

"Optimal" d'un point de vue industriel ne se décline que selon quelques dimensions bien identifiées, qui sont généralement : performances, coûts, délais et qualité. Mais on pourrait tout aussi bien choisir d'autres dimensions pour l'optimisation, telle que la dimension *d'adresse* que Marcel Duchamp a fort humoristiquement illustrée dans les Nine shots de son Grand Verre.

Comme mon collègue ne semblait pas être en mesure de me donner de réponse satisfaisante, préférant en référer à Dieu plutôt qu'à ses saints, je suis allé voir si Maître René Descartes avait, lui, une réponse à me donner. Mais je n'en ai point trouvé.

En revanche, contrairement à ce qu'affirment nombre de  gens qui se pensent ses zélateurs, la Méthode de Descartes est à la fois descendante (i.e. top-down) et ascendante (i.e. bottom-up). Car Descartes, à l'opposé de ses oublieux partisans, a aussi pensé à la manière de recoller les morceaux, c'est à dire à ce que l'on nomme dans les domaines de l'Ingénierie des Systèmes et de l'Ingénierie du Logiciel, *l'Intégration*. Et il faut convenir que le déploiement, par exemple au niveau d'un pays entier, de systèmes complexes développés conjointement par plusieurs industriels pose parfois quelques problèmes épineux que l'approche top-down ne suffit guère à résoudre. Il advient même parfois que quelques éclairs de génie doivent ici et là y contribuer, que la méthode n'avait pas tout à fait prévus. Ainsi ai-je  un jour ouï dire qu'un système de navigation assez complexe qui devait être installé sur un navire, provoqua une situation inattendue et fort embarrassante parce que personne ne s'était avisé qu'il ne passait pas par les coursives du bateau. Alors que l'équipe d'installation était au désespoir, une fulgurance soudaine suggéra de découper la coque, de faire entrer le système par l'ouverture ainsi pratiquée puis de re-souder la coque. Élémentaire mon cher Watson... Ainsi fut-il fait. Empreinte de bon sens comme de génie cette pratique ne fut pourtant pas enregistrée au catalogue des procédures industrielles recommandées.

La Méthode de Descartes telle qu'elle se trouve exposée dans la deuxième partie du Discours de la Méthode tient en fort peu de lignes. La raison d'une telle brièveté tient au désir de simplicité et de rigueur qui anime Descartes :

> Et comme la multitude des lois fournit souvent des excuses aux vices, en sorte qu'un état est bien mieux réglé lorsque, n'en ayant que fort peu, elles y sont fort étroitement observées ; ainsi, au lieu de ce grand nombre de préceptes dont la logique est composée, je crus que j'aurais assez des quatre suivants, pourvu que je prisse une ferme et constante résolution de ne manquer pas une seule fois à les observer.

Et en voici donc les quatre principes :

> Le premier était de ne recevoir jamais aucune chose pour vraie que je ne la connusse évidemment être telle ; c'est-à-dire, d'éviter soigneusement la précipitation et la prévention, et de ne comprendre rien de plus en mes jugements que ce qui se présenterait si clairement et si distinctement à mon esprit, que je n'eusse aucune occasion de le mettre en doute.

Le second, de diviser chacune des difficultés que j'examinerais, en autant de parcelles qu'il se pourrait, et qu'il serait requis pour les mieux résoudre.

Le troisième, de conduire par ordre mes pensées, en commençant par les objets les plus simples et les plus aisés à connaître, pour monter peu à peu comme par degrés jusques à la connaissance des plus composés, et supposant même de l'ordre entre ceux qui ne se précèdent point naturellement les uns les autres.

Et le dernier, de faire partout des dénombrements si entiers et des revues si générales, que je fusse assuré de ne rien omettre.

Quatre principes dont on a surtout retenu le second que certains ont pensé pouvoir résumer sous le terme d'analyse, de sorte que le troisième leur apparaissait dès lors comme l'esprit même de la synthèse.

On peut voir les choses autrement, et se représenter un homme démontant puis remontant un réveil-matin. L'imprudent personnage démontera donc l'objet selon le second principe puis le remontera selon le troisième principe et il s'assurera qu'il ne reste plus rien sur sa table de travail en vertu du quatrième principe. A défaut de quoi... La Méthode ne précise pas ce qu'il convient de faire. On ne saurait certes pour autant douter de son excellence, mais on peut aussi entretenir quelque suspicion quant à une méthode qui ne spécifie pas comment aborder l'épineuse questions des erreurs. Des erreurs où il convient pourtant de ne pas trop s'enferrer en vertu de l'adage latin : « Errare humanum est, perseverare diabolicum ». Et pour en sortir, dans le cas du réveil-matin, il ne reste plus qu'à re-démonter ce maudit réveil en vertu du second principe et à le remonter en vertu du troisième pour constater qu'il ne fonctionne toujours pas parce que, en dépit du quatrième principe, une babiole sans intérêt évident mais cependant indispensable est machiavéliquement parvenue à se faufiler sous la table. Éludons le cas où, il ne reste plus rien sur la table, ni sous la table, et où le quatrième principe semble enfin pouvoir dormir sur ses deux oreilles, mais où pourtant le satané réveil ne marche toujours pas, parce que, en vertu d'une déduction d'une rigueur pourtant toute géométrique, mais qui s'avère finalement incontestablement fausse, une ou plusieurs pièces n'ont pas été remises à l'endroit prévu par les concepteurs de cette machine infernale pleine de ressorts retors et de roues dentées, petites sans doute mais néanmoins sournoisement agressives, si ce n'est pour les doigts, du moins pour l'esprit.

Quant au premier principe, celui qui fonde l'ensemble, il consiste à partir de ce que l'on connaît comme étant évident. Au premier abord, rien ne paraît plus sûr et plus serein que l'évidence, mais au second abord et aux abords suivants, des esprit chagrins feront remarquer que rien de grand ne s'est jamais dans les sciences qu'en faisant observer que ce qui était d'abord tenu pour une évidence n'en était finalement pas une, et qu'il convient de pourvoir à son remplacement par quelques évidences plus fraîches et plus nouvelles, souvent un peu plus complexes et détaillées, en dépit que l'on soit averti de l'exécrable habitude qu'a le Diable de se cacher dans les détails. Au bout du compte, Descartes finit par suggérer que cette perception de l'évidence, est une lumière naturelle dans les hommes, qui nous vient probablement de Dieu et, à cette détestable erreur de terminologie près, on pourra convenir que la chose reste mystérieuse et qu'il n'a peut être pas tout à fait tort.

A ce point, il me faut ôter le lecteur de l'idée que j'aurais une piètre opinion de la Méthode de Descartes. Tel n'est pas le cas. J'ai au contraire un vrai respect pour René Descartes et pour sa méthode, même si dans la louable brièveté où elle s'énonce dans le Discours, elle peut paraître ici et là un peu courte...

Mais avant qu'elle ne paraisse dans le Discours de la Méthode, Descartes avait travaillé à son élaboration de manière beaucoup plus détaillée dans un ouvrage inachevé, les Règles pour la direction de l'esprit (1628-1629).

Dans cet ouvrage, il apparaît que la Méthode de Descartes est bien davantage qu'un art de découper les gros problèmes en petits problèmes. C'est aussi, et c'est même d'abord, une école d'autonomie, comme le suggère la troisième des Règles pour la direction de l'esprit :

> « Il faut chercher sur l'objet de notre étude, non pas ce qu'en ont pensé les autres, ni ce que nous soupçonnons nous-mêmes, mais ce que nous pouvons voir clairement et avec évidence, ou déduire d'une manière certaine. C'est le seul moyen d'arriver à la science. »
>
> Descartes - Règles pour la direction de l'esprit - Règle troisième.

Où l'on voit bien qu'il ne s'agit pas d'une autonomie du sujet, puisque Descartes conseille de ne pas s'attacher à ce qui est déjà supposé connu et qui a pu être pensé par d'autres, ni « à ce que nous soupçonnons nous-mêmes ». Ce qui est en jeu, ce n'est donc pas l'autonomie du sujet, mais d'une autonomie du *mouvement* du sujet, ce qui est assez différent. D'ailleurs, il en va de même dans le célèbre « je pense, donc je suis » qui n'affirme rien quant au sujet, mais seulement que le mouvement de penser existe et qu'il se perçoit exister. Quant à l'être de ce qui pense, rien n'en est là véritablement dit.

Les Règles pour la Direction de l'Esprit sont donc aussi une école de liberté comme en témoignent les commentaires de la Règle Première :

> Le but des études doit être de diriger l'esprit de manière à ce qu'il porte des jugements solides et vrais sur tout ce qui se présente à lui.
>
> Descartes - Règles pour la direction de l'esprit - Règle première.

## Où Descartes s'élève contre la spécialisation des savoirs

> il n'est pas besoin de circonscrire l'esprit humain dans aucune limite ; en effet, il n'en est pas de la connaissance d'une vérité comme de la pratique d'un art ; une vérité découverte nous aide à en découvrir une autre, bien loin de nous faire obstacle. […] Ce qu'il faut d'abord reconnaître, c'est que les sciences sont tellement liées ensemble qu'il est plus facile de les apprendre toutes à la fois que d'en détacher une seule des autres.

Ceci parce que, pour Descartes, ce à quoi il convient de s'intéresser avant tout, bien plus qu'à des résultats particuliers, c'est à *l'intelligence*, qui trouve à s'occuper partout et

151

de toutes choses,.

> Il faut songer à augmenter ses lumières naturelles, non pour pouvoir résoudre telle ou telle difficulté de l'école, mais pour que l'intelligence puisse montrer à la volonté le parti qu'elle doit prendre dans chaque situation de la vie.

Vient ensuite avec la Règle Deuxième, une véritable règle de méthode :

> Il ne faut nous occuper que des objets dont notre esprit paraît capable d'acquérir une connaissance certaine et indubitable.

> Descartes - Règles pour la direction de l'esprit - Règle deuxième..

Et le commentaire de Descartes montre qu'il ne s'agit pas seulement d'un conseil de prudence, ni d'une recommandation quant à la manière de ne pas perdre son temps en études oiseuses, mais plus profondément, Descartes y donne un exemple de ce qu'il faut entendre par « connaissance certaine et indubitable » :

> De tout ceci il faut conclure, non que l'arithmétique et la géométrie soient les seules sciences qu'il faille apprendre, mais que celui qui cherche le chemin de la vérité ne doit pas s'occuper d'un objet dont il ne puisse avoir une connaissance égale à la certitude des démonstrations arithmétiques et géométriques.

Les deux mécanismes que Descartes accepte pour sa Méthode, sont l'intuition et la déduction comme il l'établit dans les commentaires de la Règle Troisième.

> Aussi distinguons-nous l'intuition de la déduction, en ce que dans l'une on conçoit une certaine marche ou succession, tandis qu'il n'en est pas ainsi dans l'autre, et en outre que la déduction n'a pas besoin d'une évidence présente comme l'intuition, mais qu'elle emprunte en quelque sorte toute sa certitude de la mémoire ; d'où il suit que l'on peut dire que les premières propositions, dérivées immédiatement des principes, peuvent être, suivant la manière de les considérer, connues tantôt par intuition, tantôt par déduction ; tandis que les principes eux-mêmes ne sont connus que par intuition, et les conséquences éloignées que par déduction.
>
> Descartes - Règles pour la direction de l'esprit - Règle troisième.

Dans les commentaires relatifs à la Règle Quatrième, Descartes donne les caractéristiques de sa méthode :

> Par méthode, j'entends des règles certaines et faciles, qui, suivies rigoureusement, empêcheront qu'on ne suppose jamais ce qui est faux, et feront que sans consumer ses forces inutilement, et en augmentant graduellement sa science, l'esprit s'élève à la connaissance exacte de tout ce qu'il est capable d'atteindre.
>
> Descartes - Règles pour la direction de l'esprit - Règle quatrième.

Et il rappelle que l'objectif de sa méthode ne réside pas dans une quelconque spécialisation, et qu'elle ne vise pas à l'obtention de résultats particuliers dans une science particulière, mais dans la connaissance de toutes choses :

> Il faut bien noter ces deux points, ne pas supposer vrai ce qui est faux, et tâcher d'arriver à la connaissance de toutes choses.

Et il faut bien reconnaître que Descartes a effectivement mis en œuvre dans sa vie cette exigence de « tâcher d'arriver à la connaissance de toutes choses » car, avec des succès divers, il ne s'est en effet guère privé d'aborder tous les sujets qui pouvaient lui sembler être à sa portée.

La Règle Cinquième et la Règle Sixième proposent des approches pour découvrir et distinguer les choses simples :

> « Toute la méthode consiste dans l'ordre et dans la disposition des objets sur lesquels l'esprit doit tourner ses efforts pour arriver à quelques vérités. Pour la suivre, il faut ramener graduellement les propositions embarrassées et obscures à de plus simples, et ensuite partir de l'intuition de ces dernières pour arriver, par les mêmes degrés, à la connaissance des autres ».

> Descartes - Règles pour la direction de l'esprit - Règle cinquième.

De la Règle Cinquième Descartes nous dit que « C'est en ce seul point que consiste la perfection de la méthode », et de la Règle Sixième, il nous assure que sous des dehors un brin redondants, « elle contient cependant tout le secret de la méthode »,

> Pour distinguer les choses les plus simples de celles qui sont enveloppées, et suivre cette recherche avec ordre, il faut, dans chaque série d'objets, où de quelques vérités nous avons déduit d'autres vérités, reconnaître quelle est la chose la plus simple, et comment toutes les autres s'en éloignent plus ou moins, ou également.

> Descartes - Règles pour la direction de l'esprit - Règle sixième..

Mais il y a un détail précieux quant à l'objet de ce livre dans le commentaire de la Règle Sixième, où Descartes explique que sa Méthode permet de partir d'à peu près n'importe où, « au hasard »...

> Notons, en troisième lieu, qu'il ne faut pas commencer notre étude par la recherche des choses difficiles ; mais, avant d'aborder une question, recueillir au hasard et sans choix les premières vérités qui se présentent, voir si de celles-là on peut en déduire d'autres, et de celles-ci d'autres encore, et ainsi de suite.

Ce qui conforte à la fois les prétentions de Descartes quant à la généralité de sa Méthode et le point de vue d'André Breton dans le premier

## Manifeste du Surréalisme quant à la véritable méthode des « vrais savants »

> Je crois, dans ce domaine comme dans un autre, à la joie surréaliste pure de l'homme qui, averti de l'échec successif de tous les autres, ne se tient pas pour battu, part d'où il veut et, par tout autre chemin qu'un chemin raisonnable, parvient où il peut.

## Bien sûr, Descartes recommande ensuite dans la Règle Septième

> Pour compléter la science il faut que la pensée parcoure, d'un mouvement non interrompu et suivi, tous les objets qui appartiennent au but qu'elle veut atteindre, et qu'ensuite elle les résume dans une énumération méthodique et suffisante.
>
> Descartes - Règles pour la direction de l'esprit - Règle septième..

## de classer les éléments de ce recueil « au hasard », un classement qui ne peut guère se faire que par les ressorts de l'analogie (ce qui correspond grossièrement à la notion mathématique de « classes d'équivalences ») parce que dit-il (par exemple) :

> il arrive souvent que s'il fallait trouver à part chacune des choses qui ont rapport à l'objet principal de notre étude, la vie entière d'un homme n'y suffirait pas, soit à cause du nombre des objets, soit à cause des répétitions fréquentes qui ramènent les mêmes objets sous nos yeux. Mais si nous disposons toutes choses dans le meilleur ordre, on verra le plus souvent se former des classes fixes et déterminées, dont il suffira de connaître une

seule, ou de connaître celle-ci plutôt que cette autre, ou seulement quelque chose de l'une d'elles ; et du moins nous n'aurions pas à revenir sur nos pas inutilement.

Et il recommande ensuite d'essayer d'identifier leurs éventuels liens logiques soit internes, soit externes ce qui permet de les classer à nouveau par analogie, mais selon un critère particulier qui est cette fois du type: « A est logiquement relié à B ». Après quoi il devient possible de travailler par « induction ».

C'est ainsi que, sans pouvoir d'une seule vue distinguer tous les anneaux d'une longue chaîne, si cependant nous avons vu l'enchaînement de ces anneaux entre eux, cela nous permettra de dire comment le premier est joint au dernier.

Il est intéressant de remarquer que ce que Descartes introduit ici n'est rien d'autre que le principe du raisonnement par récurrence, bien que ce soit généralement Blaise Pascal qui soit supposé en être l'auteur (en Occident).

Mais Descartes semble considérer dans les Régles pour la Direction de l'Esprit, que ce qu'il appelle énumération et ce qu'il appelle induction sont deux choses équivalentes, ce qui peut sembler conduire à des glissements un peu douteux :

Si enfin je veux montrer par énumération que la surface d'un

157

cercle est plus grande que la surface de toutes les figures dont le périmètre est égal, je ne passerai pas en revue toutes les figures, mais je me contenterai de faire la preuve de ce que j'avance sur quelques figures, et de le conclure par induction pour toutes les autres.

## Dans les commentaires associés à la Règle Huitième :

Si dans la série des questions il s'en présente une que notre esprit ne peut comprendre parfaitement, il faut s'arrêter là, ne pas examiner ce qui suit, mais s'épargner un travail superflu.

Descartes - Règles pour la direction de l'esprit - Règle huitième..

## Descartes nous donne un aperçu sur les véritables origines de la Méthode :

Or, pour ne pas rester dans une incertitude continuelle sur ce que peut notre esprit, et ne pas nous consumer en efforts stériles et malheureux, avant d'aborder la connaissance de chaque chose en particulier, il faut une fois en sa vie s'être demandé quelles sont les connaissances que peut atteindre la raison humaine. Pour y réussir, entre deux moyens également faciles, il faut toujours commencer par celui qui est le plus utile.

## Utile ? Tiens, pourquoi "utile" ? Utile à qui ? Utile à à quoi ? La suite du commentaire nous éclaire sur l'apparition soudaine de l'utilitarisme, et en même temps sur l'une des origines véritables de l'irruption de la Méthode :

Cette méthode imite celles des professions mécaniques, qui

n'ont pas besoin du secours des autres, mais qui donnent elles-mêmes les moyens de construire les instruments qui leur sont nécessaires. Qu'un homme, par exemple, veuille exercer le métier de forgeron ; s'il était privé de tous les outils nécessaires, il sera forcé de se servir d'une pierre dure ou d'une masse grossière de fer ; au lieu d'enclume, de prendre un caillou pour marteau, de disposer deux morceaux de bois en forme de pinces, et de se faire ainsi les instruments qui lui sont indispensables. Cela fait, il ne commencera pas par forger, pour l'usage des autres, des épées et des casques, ni rien de ce qu'on fait avec le fer ; avant tout il se forgera des marteaux, une enclume, des pinces, et tout ce dont il a besoin.

## Dans les commentaires associés à la Règle neuvième :

Il faut diriger toutes les forces de son esprit sur les choses les plus faciles et de la moindre importance, et s'y arrêter longtemps, jusqu'à ce qu'on ait pris l'habitude de voir la vérité clairement et distinctement.

Descartes - Règles pour la direction de l'esprit - Règle neuvième.

## On retrouve un autre exemple de cette référence aux métiers ...

La manière dont nous nous servons de nos yeux suffit pour nous apprendre l'usage de l'intuition. Celui qui veut embrasser beaucoup de choses d'un seul et même regard ne voit rien distinctement ; de même celui qui, par un seul acte de la pensée, veut atteindre plusieurs objets à la fois a l'esprit confus. Au contraire, les ouvriers qui s'occupent d'ouvrages délicats, et qui ont coutume de diriger attentivement leur regard sur chaque point en particulier, acquièrent, par l'usage, la facilité de voir les choses les plus petites et les plus fines.

## La Règle Dixième...

Pour que l'esprit acquière de la facilité, il faut l'exercer à trouver les choses que d'autres ont déjà découvertes, et à parcourir avec méthode même les arts les plus communs, surtout ceux qui expliquent l'ordre ou le supposent.

Descartes - Règles pour la direction de l'esprit - Règle dixième.

et surtout ses commentaires insistent à nouveau sur l'utilité de prendre en exemple les arts et les métiers tels ceux des tisserands, des tapissiers, des brodeuses et des dentellières, même – et surtout – s'il s'agit d'arts « subalternes »

cette règle nous apprend qu'il ne faut pas tout-à-coup s'occuper de choses difficiles et ardues, mais commencer par les arts les moins importants et les plus simples, ceux surtout où l'ordre règne, comme sont les métiers du tisserand, du tapissier, des femmes qui brodent ou font de la dentelle [...]

Aussi avons-nous averti qu'il faut examiner ces choses avec méthode ; or la méthode, dans ces arts subalternes, n'est autre que la constante observation de l'ordre qui se trouve dans la chose même, ou qu'y a mis une heureuse invention.

Et un peu plus loin il apparaît que la raison de Descartes n'a guère à voir avec la logique, qui, comme il l'expose ne permet ni de créer, ni d'inventer :

160

> Or pour se convaincre plus complètement que cet art syllogistique ne sert en rien à la découverte de la vérité, il faut remarquer que les dialecticiens ne peuvent former aucun syllogisme qui conclue le vrai, sans en avoir eu avant la matière, c'est-à-dire sans avoir connu d'avance la vérité que ce syllogisme développe. De là il suit que cette forme ne leur donne rien de nouveau ; qu'ainsi la dialectique vulgaire est complètement inutile à celui qui veut découvrir la vérité, mais que seulement elle peut servir à exposer plus facilement aux autres les vérités déjà connues, et qu'ainsi il faut la renvoyer de la philosophie à la rhétorique.

N'est-il pas surprenant que, pour le prétendument très rationnel Descartes, la logique s'apparente à la rhétorique, une discipline qu'il tient pour inutile à la découverte de la vérité, mais dont le rôle se réduit à exposer ses idées et à convaincre ses pairs ?

Eh ! Bien, non, ce n'est pas surprenant car cette remarque est presque identique à celles qu'ont pu faire – par exemple et à plusieurs reprises – deux très grands mathématiciens  : Henri Poincaré et Alexandre Grothendieck.

Examinons, par exemple, ce qu'en dit Poincaré dans *La Science et l'Hypothèse* :

> La possibilité même de la science mathématique semble une contradiction insoluble. Si cette science n'est déductive qu'en apparence, d'où lui vient cette parfaite rigueur que personne ne songe à mettre en doute? Si, au contraire, toutes les propositions qu'elle énonce peuvent se tirer les unes des autres par les règles

161

de la logique formelle, comment la mathématique ne se réduit-elle pas à une immense tautologie? Le syllogisme ne peut rien nous apprendre d'essentiellement nouveau et, si tout devait sortir du principe d'identité, tout devrait aussi pouvoir s'y ramener. Admettra-t-on donc que les énoncés de tous ces théorèmes qui remplissent tant de volumes ne soient que des manières détournées de dire que A est A?

Henri Poincaré - La Science et l'Hypothèse, P9-10

Force est de constater qu'il en dit à peu près la même chose que Descartes. La logique permet de vérifier, de présenter, de convaincre, de partager des idées de manière rigoureuse, mais elle ne permet pas de *trouver*. Bien entendu on ne trouvera pour autant aucun mathématicien pour soutenir que la démonstration ne joue pas un rôle très important en mathématiques, mais quoiqu'il puisse occasionnellement lui arriver de remplir cette fonction, on en trouvera probablement fort peu pour considérer la logique comme un instrument de découverte.

Après ce premier examen des premières règles de la Méthode telle qu'elles se trouvent détaillée dans les Règles pour la Direction de l'Esprit, l'une des observations les plus neuves et les plus surprenantes – pour l'époque – que l'on peut en tirer, ce sont ces références aux « arts mécaniques » et aux métiers. On sait que Spinoza a gagné sa vie en taillant des lentilles optiques pour lunettes et microscopes. Mais en fait dans la lignée des artistes de la Renaissance italienne, une grande partie des scientifiques du XVIIe siècle sont tout autant des ingénieurs et des inventeurs que des théoriciens. Tous sont des concepteurs et des constructeurs d'instruments et de machines, ce qui implique une certaine familiarité avec les « arts mécaniques ».

# Aux Creux de la Méthode

Mais une autre question que ni mon collègue, ni le bon Descartes, ne me semblaient traiter avec suffisamment d'attention ni surtout de précision, était le critère permettant d'arrêter la décomposition des tâches. Il semble qu'en substance, ce critère se résume à « on cesse de décomposer lorsqu'une tâche de dernier niveau est – ou bien semble – intuitivement claire. ». Autrement dit, lorsqu'elle apparaît comme une évidence.

« Toute la méthode consiste dans l'ordre et dans la disposition des objets sur lesquels l'esprit doit tourner ses efforts pour arriver à quelques vérités. Pour la suivre, il faut ramener graduellement les propositions embarrassées et obscures à de plus simples, et ensuite partir de l'intuition de ces dernières pour arriver, par les mêmes degrés, à la connaissance des autres ».

Descartes - Règles pour la direction de l'esprit - Règle cinquième.

Fort bien, mais à nouveau, qu'est-ce qu'une évidence ? Par quoi se manifeste-t-elle ?

On élude généralement la question au prétexte qu'une évidence étant évidente, il n'y aurait rien à en dire, ce qui n'est pas si éloigné d'une célèbre argumentation relative la vertu dormitive de l'opium. Je crains pour ma part que la réponse ne soit : une évidence se manifeste quand se produit un brusque mouvement intime de l'esprit qui nous la désigne comme telle.

Un mouvement de conviction qui, à certains égards, n'est pas si éloigné de la mystique. A défaut de saisir la nécessité du respect de cette *intimité* qui constitue le cœur de toute conviction, on tombe dans le discours suivant qui ne se rencontre que trop fréquemment dans les classes de mathématiques : "Je n'ai pas compris..." dit l'un. "Comment ça ? Mais enfin c'est évident !" dit l'autre, prouvant ainsi qu'il n'a compris ni les mathématiques, ni la pédagogie, ni l'élève... Le Prophète en l'espèce est d'un esprit plus fin, qui pose qu'en matière de religion la contrainte ne sied pas.

De sorte que sur la base de quelques aspects de certaines des Règles pour la direction de l'esprit , je suspecte qu'au bout du compte, l'efficace de la Méthode de Descartes lorsqu'on la met en œuvre, ne s'enracine guère que dans des intuitions, ou bien des espoirs d'intuitions à venir. Mais il convient toutefois de se souvenir que le terme d'intuition dans les Règles pour la direction de l'esprit n'est pas un équivalent du terme d'intuition au sens actuel, mais désigne quelque chose d'intermédiaire entre « intuition », « compréhension », « évidence » et qui d'ailleurs fait flèche de tout bois...

> « Enfin il faut se servir de toutes les ressources de l'intelligence, de l'imagination, des sens, de la mémoire, pour avoir une intuition distincte des propositions simples, pour comparer convenablement ce qu'on cherche avec ce qu'on connaît, et pour trouver les choses qui doivent être ainsi comparées entre elles ; en un mot on ne doit négliger aucun des moyens dont l'homme est pourvu. »

> Descartes - Règles pour la direction de l'esprit - Règle douzième.

Et dans le cas ou pareil événement intellectuel ne se produirait pas *comme il faut*, Descartes conseille de décomposer plus avant la tâche qui s'avérerait récalcitrante à devenir spontanément évidente et-ou compréhensible.

Ainsi donc le cœur du fonctionnement de la Méthode, ne réside pas dans la Méthode elle-même, mais dans les intuitions élémentaires, dans toutes les petites preuves et convictions atomiques et intimes qui, une fois tissées ensemble, établissent une vérité composée. Mais que l'une de ces petites convictions intimes vienne à manquer et tout s'effondre.

C'est pourquoi la Méthode de Descartes conseille aussi de ne pas craindre de tenter de s'emparer des idées qui passent, de les suivre et de ne surtout pas les laisser s'envoler. Une invitation à la digression, et même à une écoute attentive de la « bouche d'ombre » familière aux poètes qu'on ne retrouve guère reprise chez les tenants ordinaire de la pensée rationnelle...

> « Après avoir aperçu par l'intuition quelques propositions simples, si nous en concluons quelque autre, il n'est pas inutile de les suivre sans interrompre un seul instant le mouvement de la pensée, de réfléchir à leurs rapports mutuels, et d'en concevoir distinctement à la fois le plus grand nombre possible ; c'est le moyen de donner à notre science plus de certitude et à notre esprit plus d'étendue. »

> Descartes - Règles pour la direction de l'esprit - Règle onzième.

Il est indubitable que Descartes a pensé en créant sa Méthode. Mais une question centrale reste : « Oui ! Mais... pense-t-on vraiment en la mettant en œuvre ? » Après tout, le moindre programme informatique s'exécute lui aussi, se meut selon une méthode, qui peut sembler proche de la Méthode. On ne lui concède pourtant nullement pour cela la capacité de penser. Où est donc la pensée alors ?

Si on cherche à identifier ce qui, dans la Méthode, relève véritablement du travail de la pensée, il me semble que cela se trouve localisé en deux principaux aspects. D'une part, dans la série des choix au travers desquels sera réalisée la décomposition et d'autre part, tout en bout de la chaîne des productions instituée par la Méthode, dans les petites tâches aisées et évidentes mais dont l'évidence et la facilité reposent soit sur une conviction intime, soit sur un savoir faire. C'est à dire, dans les cas difficiles mais pourtant fréquents où le diable vient se nicher dans les détails, sur une certaine faculté d'improvisation humaine.

Pour ce qui est du travail de la pensée qui conduit la décomposition, la septième des Règles pour la direction de l'esprit est assez claire, il s'agit d'une simple énumération :

> « Pour compléter la science il faut que la pensée parcoure, d'un mouvement non interrompu et suivi, tous les objets qui appartiennent au but qu'elle veut atteindre, et qu'ensuite elle les résume dans une énumération méthodique et suffisante. »

> Descartes - Règles pour la direction de l'esprit - Règle septième.

Mais en quoi l'énumération est-elle précisément méthodique et comment évite-t-elle l'irruption inopinée des ratons-laveurs d'un poème bien connu de Jacques Prévert ? En quoi l'énumération méthodique proposée par Descartes se différencie-t-elle d'une énumération « à la Prévert » ? Cela ne semble pas précisé. Par quel moyen peut-on s'assurer qu'elle est suffisante ? Cela n'est pas vraiment dit non plus.

La règle treizième est de la même eau :

> « Quand nous comprenons parfaitement une question, il faut la dégager de toute conception superflue, la réduire au plus simple, la subdiviser le plus possible au moyen de l'énumération. »

> Descartes - Règles pour la direction de l'esprit - Règle treizième.

On pourrait supposer que lorsqu'on comprend parfaitement une question, les conceptions superflues qui s'y attachaient ne s'y attachent plus et qu'elle se trouve déjà réduite au plus simple. Mais si tel n'est pas le cas, par quel moyen dégage-t-on une question que l'on comprend parfaitement « de toute conception superflue » ? La Méthode reste là aussi un peu silencieuse, hormis qu'à nouveau l'énumération est invoquée pour y pourvoir, ce qui pose les mêmes questions que celles soulevées à propos

169

de la règle septième. De sorte que, tout l'art de la méthode consiste au fond à se laisser aller un peu nonchalamment à l'énumération et à utiliser le bon sens ou quelque autre instrument de mesure « intuitif » – souvent les autres noms de l'habitude et de la routine – pour ce qui est de séparer les ratons laveurs noirs superflus des ratons laveurs blancs pertinents. On pourrait ainsi songer à un jeu d'énumération surréaliste impliquant une mise en œuvre "déréglée" de la méthode de Descartes, un jeu qui, dédaigneux de tout racisme n'exclurait aucun raton laveur, qu'il soit noir et superflu, ou blanc et pertinent.

Descartes semble assez justement fier d'avoir conçu une méthode qui permette de trouver une solution à tout problème que l'on voudra bien se poser, mais comme je l'ai dit plus haut, il m'a bien semblé qu'il ne se posait pas vraiment la question de savoir si c'était la meilleure. Comment donc trouver la solution optimale ? Descartes se satisfait d'une méthode qui permet d'obtenir un résultat. Il ne se pose pas la question de savoir si ce résultat est optimal ou non, comme doit souvent le faire un industriel soumis aux dures lois du marché et de la concurrence. Mais Descartes, dira-t-on, était un philosophe et non un industriel. Voilà précisément ce dont je ne suis pas si sûr comme on va le voir...

# L'Irruption de la Méthode

Il ne s'agit nullement ici de jeter le bébé avec l'eau du bain. Je n'entends pas du tout non plus jeter ici la pierre à René Descartes, ni même en jeter d'autres possiblement plus nombreuses à ses beaucoup moins talentueux sectateurs du monde industriel. Disons plutôt qu'à ma manière je suis un homme d'ordre, qui aime à rendre gloire à chacun selon ses mérites et le rang qui lui est dû. Qu'il y ait eu de la pensée dans l'invention de la Méthode, c'est certain. Une sorte de génie même, à n'en pas douter. Et certes, il faut saluer cela. Qu'il y en ait pour de bon dans sa mise en œuvre, en tant que telle, c'est plus douteux. Une méthode, ça ne pense pas. *L'homme est ce qui se tient au delà de l'algorithme.*

Pourquoi le Discours de la Méthode (1635) ou son prototype, les Règles pour la direction de l'esprit (1628-1629) apparaissent-il si tard dans l'histoire humaine ? Après tout il n'y entre en jeu pour l'essentiel que la division du travail qui peut être agréablement symbolisée par l'immense chantier des Pyramides et qui est apparue bien avant 1650, année où Descartes meurt.

Je ne suis pas assez bon historien ni assez érudit pour en juger, mais je vais tout de même me hasarder à exposer ici quelques soupçons...

Les premières manufactures royales françaises sont créées dans les années 1663 à 1764, soit plus de 10 années après la mort de Descartes. Cependant, pour ce qui concerne la Manufacture de la Savonnerie, les choses commencent un peu plus tôt :

Première manufacture royale de tapis fondée en France, la Savonnerie tire son nom d'une ancienne savonnerie située à Chaillot, à peu près à l'emplacement actuel du Palais de Tokyo. Cette savonnerie fut transformée en orphelinat par Marie de Médicis. La main d'œuvre bon marché procurée par les orphelins attira deux lissiers, Pierre Dupont (1560-1640) et Simon Lourdet (vers 1590-1667), qui transférèrent sur le site en 1631 la manufacture qu'ils avaient fondée en 1627 ou 1628 par ordre de Louis XIII.

De même pour ce qui concerne la Manufacture des Gobelins qui ne devient royale qu'en 1663 mais qui constitue en fait la continuation d'une manufacture privée déjà soutenue par Henri IV en 1601 :

Pour affranchir le royaume des dépenses importantes qui étaient dues à l'importation des tapisseries étrangères et éviter la sortie de cet argent du royaume, le roi Henri IV a décidé, en avril 1601, d'installer dans « une grande maison ou anciennement se faisait teinture » Marc de Comans et François de la Planche, tapissiers flamands, le premier d'Anvers et le second d'Audenarde, associés depuis le 29 janvier 1601 pour réaliser des tapisseries façon de Flandres. En janvier 1607, Henri IV leur accorde des lettres patentes dans lesquelles il indique qu'il a fait venir les deux tapissiers flamands pour installer des manufactures de tapisserie à Paris et dans d'autres villes du royaume. Le roi veut et ordonne que Marc de Comans et François de la Planche soient considérés comme nobles, commensaux et domestiques de la maison royale et qu'ils jouissent des prérogatives, exemptions et immunités attachées a ces qualités.

[…]

Reprenant pour le compte de Louis XIV le plan mis en œuvre par Henri IV, Colbert incite peu avant 1660 le hollandais Jean Glucq à importer en France un nouveau procédé de teinture écarlate appelé « à la hollandaise ». Celui-ci se fixe définitivement en 1684 dans une des maisons de l'ancienne folie Gobelin qu'il achète et embellit après avoir obtenu des lettres de naturalité.

Le travail effectué dans les manufactures, était pour l'essentiel manuel. Rien qui semble de prime abord entretenir de relations avec une division fine du travail ni avec le travail à la chaîne tels qu'ils se sont développés lors de la "Révolution Industrielle".

A ceci près que tel n'est pas le cas. Car, comme le note Christophe de Voogt dans *La Civilisation du "Siècle d'or" aux Pays-Bas* :

> Au moyen âge, la Hollande, c'est-à-dire la province actuelle de Hollande, de Rotterdam à Amsterdam, possédait d'importants tissages de laine, qui travaillaient pour l'exportation. Cette industrie était fixée dans les villes ; le centre en était à Leyde, où, depuis le xive siècle, florissait une draperie qui acquit une grande renommée au xve et au xvie siècle.
>
> L'industrie du drap est fort compliquée ; la matière première y subit en des phases successives diverses opérations partielles. En d'autres termes, l'industrie drapière exige beaucoup de producteurs partiels qui se repassent le travail des mains les uns des autres ; ces producteurs partiels ne se rencontrent que dans les cités à population dense. D'ailleurs, la Hollande était avant tout un pays de villes où celles-ci exerçaient la prédominance.

En d'autres termes, la division du travail est, depuis longtemps déjà fort, avancée dans l'industrie drapière hollandaise à l'époque où

175

Descartes séjourne en Hollande. Mais en outre, les méthodes et les produits hollandais suscitent l'admiration quasi-générale et plus particulièrement celle de certains ministres importants des rois de France puisque :

> Richelieu soulignait déjà « le miracle hollandais » et en discernait clairement la cause : « L'opulence des Hollandais qui, à proprement parler, ne sont qu'une poignée de gens, réduits à un coin de la terre, où il n'y a que des eaux et des prairies, est un exemple et une preuve de l'utilité du commerce qui ne reçoit point de contestation. »

> Christophe de Voogt dans La civilisation du "Siècle d'or" aux Pays-Bas.

Autrement dit, depuis 1601 au moins, le royaume de France importe des technologies hollandaises. René Descartes, Français né en 1596, contemporain d'un cardinal de Richelieu admirateur des Hollandais, séjourne en Hollande en 1618-1619, période durant laquelle il devient l'ami du mathématicien, physicien, médecin et philosophe hollandais *Isaac Beeckman*

Wikipedia https://fr.wikipedia.org/wiki/Isaac_Beeckman

qui avait étudié la philosophie et la linguistique à Leyde (autrement dit dans la principale ville du drap en Hollande), et qui se trouvait être fils et frère d'artisans et-ou d'industriels fabricants de tuiles et de chandelles, destiné à prendre la suite de son père ou de son frère, et qui a donc en conséquence pour cela réalisé son apprentissage de "chandelier" en 1611. Toutes raisons pour lesquelles, Beeckman n'est pas seulement un théoricien, mais aussi un penseur soucieux de technique et d'applications qui fonde en 1626 à Rotterdam un groupe d'échanges sur des sujets techniques, le *Collegium Mechanicum*, Du reste, en 1619 après sa rencontre avec Descartes le 10 novembre 1618, Beeckman exerce toujours  le métier de couvreur en parallèle de ses travaux scientifiques

L'amitié de Descartes et de Beeckman n'a rien d'anecdotique quant à l'évolution ultérieure de la pensée. Elle débute clairement presque comme une relation maître-élève, au point que Descartes  écrit plus tard à Beeckman :

> « Je m'endormais, et vous m'avez réveillé ; vous seul avez secoué ma paresse et vous avez rappelé à ma mémoire mon érudition qui en était presque sortie. »

> Œuvres, éd. Adam et Tannery, XII, p. 45 -

> https://fr.wikisource.org/wiki/Page:Descartes_-_%C5%92uvres,_%C3%A9d._Adam_et_Tannery,_XII.djvu/79

Mais ensuite leur amitié intellectuelle se développe puisqu'ils se proposent tous deux d'écrire un traité de mécanique ( autrement dit, relatif aux technologies industrielles, aux « Arts Mécaniques », c'est à dire aux méthodes de réalisations de produits). Que dans ces conditions, l'illumination de Descartes le 10 novembre 1619 à Neubourg suite à trois rêves de forte intensité puisse ne rien devoir à Beeckman et aux méthodes et technologies hollandaises n'est probablement pas très raisonnable.

Mais il y a plus et mieux... En 1691, Adrien Baillet premier biographe de Descartes écrit :

> « La recherche qu'il voulut faire de ces moyens [Les moyens d'une « science admirable »], jeta son esprit dans de violentes agitations, qui augmentèrent de plus en plus par une contention continuelle où il le tenait, sans souffrir que la promenade ni les compagnies y fissent diversion. Il le fatigua de telle sorte que le feu lui prît au cerveau, et qu'il tomba dans une espèce d'enthousiasme, qui disposa de telle manière son esprit déjà abattu, qu'il le mit en état de recevoir les impressions des songes et des visions. »

Adrien Baillet nous apprend donc que :

> « le dixième de novembre mille six cent dix-neuf, s'étant couché tout rempli de son enthousiasme, et tout occupé de la pensée d'avoir trouvé ce jour-là les fondements de la science admirable, il eut trois songes consécutifs en une seule nuit, qu'il s'imagina ne pouvoir être venus que d'en haut. »

N'est-il pas étonnant de voir le plus célèbre des promoteurs d'un l'usage méthodique de la raison affirmer devoir sa découverte à des impressions issues de rêves et de visions ?

# Surréalisme Industriel

Il y a peu encore, une autre méthode s'est répandue parmi les managers de l'industrie – et d'ailleurs – fondée sur les procédures et les mesures. Quoi de plus rationnel en effet que la mesure ? Comme il m'est arrivé de devoir m'en faire un peu le propagandiste pour gagner mon pain, je l'expliquais parfois de la manière suivante : « Supposons que vous vouliez aller dans la Lune... Vous vous installez confortablement sur votre siège préféré et vous mesurez la distance entre ce siège et la Lune. Puis vous attendez un peu... Après quoi, vous mesurez à nouveau votre distance à la Lune, etc. De cette manière, vous pourrez mesurer vos progrès en direction du but que vous vous êtes assigné et s'il ne sont pas suffisants, vous pourrez vous améliorer sans cesse. De sorte que vous finirez par atteindre la perfection de la perfectibilité, comme disait Charles Fourier ».

« Pour le moment, notez bien que l'on ne vous a

nullement demandé de penser, et qu'un ordinateur muni des capteurs et des logiciels requis peut réaliser les mesures aussi bien que vous, ou plutôt mieux, c'est à dire sans penser. N'oubliez pas que cette méthode vous est recommandée – voire imposée – par des managers de haut rang dont la pensée vole un peu plus haut que la vôtre... Quoiqu'il lui arrive aussi parfois d'avoir quelques faiblesses quant aux détails. Par exemple, il peut se faire que certaines procédures industrielles que vous devrez mettre en œuvre ne s'avèrent pas totalement définies, ni même applicables ou même qu'elles ne se trouvent pas répertoriées dans le dictionnaire des procédures, surtout dans des domaines comme la Recherche & Développement où nous opérons et où il se trouve que justement il y a à rechercher et à développer ».

« D'ailleurs pour le moment vos campagnes de mesures, quoique réitérées n'ont pas mis en évidence la moindre réduction de votre distance à l'objectif final, à savoir la Lune. Les points que vous, ou votre ordinateur, avez tracés sur votre courbe de progression ressemblent à s'y méprendre à ceux d'un électro-encéphalogramme plat. En fait, à propos de Lune, il va peut-être falloir bouger un peu votre séant du siège confortable dont je vous ai recommandé l'emploi vu que, malgré les roulettes dont il est équipé, il ne s'est pas déplacé beaucoup ».

« L'ennui c'est que la manière précise dont il faut se bouger pour atteindre l'objectif n'est pas décrite dans la méthode ni même dans le catalogue des procédures industrielles applicables dans l'entreprise. Il va donc falloir penser un peu et, par exemple, établir un plan. Comment faire ? Eh! Bien, c'est très simple... La méthode, si on l'approfondit un peu, nous fournit une solution qui marche à coup sûr: nous allons nous réunir et faire quelques séances de *Brainstorming* (ou remue méninges ou tempête d'idées en Français canadien) ou bien mettre en œuvre une méthode commerciale assez proche que l'on nomme le Metaplan ».

Soucieux que nous sommes d'épargner l'argent de l'entreprise, allons donc voir en quoi consiste le brainstorming, méthode inventée en 1939 par Alex Osborn ? Wikipedia aidant on trouve :

« Deux principes de base définissent le brainstorming : la suspension du jugement et la recherche la plus étendue possible. Ces deux principes de base se traduisent par quatre règles :

• ne pas critiquer,

• se laisser aller (« freewheeling »),

• rebondir (« hitchhike ») sur les idées exprimées,

• et chercher à obtenir le plus grand nombre d'idées possibles sans imposer ses idées.

Ainsi, les suggestions absurdes et fantaisistes sont admises durant la phase de production et de stimulation mutuelles. En effet, les participants ayant une certaine réserve peuvent alors être incités à s'exprimer, par la dynamique de la formule et les interventions de l'animateur.

C'est pour amener à cet accouchement en toute quiétude que l'absence de critique, la suggestion d'idées sans aucun fondement réaliste, et le rythme, sont des éléments vitaux pour la réussite du processus »

Il me semble soudain me souvenir que dans les folles années 1920-1925 un collectif de jeunes gens qui se faisaient appeler *surréalistes* avait défini et mis intensivement en œuvre un ensemble de méthodes assez similaires au brainstorming quoiqu'à visées souvent plus artistiques que proprement industrielles et qu'ils en avaient tiré certaines conséquences quant à l'art de vivre – quant au leur du moins.

Bien entendu le brainstorming initial d'Osborn était encore beaucoup trop « sauvage » pour un contexte aussi hautement rationnel que l'industrie et il a donc été rationalisé afin de répondre aux exigences de l'industrie en général et de l'industrie publicitaire en particulier, ce qui

183

a conduit au *Creative Problem Solving* :

> « Les grandes étapes du Creative Problem Solving que sont la clarification de l'objectif, la recherche de solutions et la préparation à l'action proviennent du mariage de deux processus, décrits par Henri Poincaré (processus créatif scientifique : imprégnation, incubation, illumination et expérimentation) d'une part, et par Graham Wallas et Richard Smith d'autre part (processus créatif artistique : préparation, incubation, intimation, illumination, vérification). 8 étapes (selon le modèle d'Olwen Wolfe, validé par Sid Parnes). Les huit étapes principales sont : 1 - Besoins, 2 - Données, 3 - Objectifs, 4 - Idées, 5 - Critères, 6 - Solutions, 7 - Adhésion, 8 - Plan d'action ».

On peut suspecter que le brainstorming natif est utilisé lors de chacune de ces huit étapes et que le Creative Problem Solving n'est guère autre chose qu'une mise en œuvre énumérative et itérée du brainstorming dans les différentes dimensions rationnellement requises par la méthode. Je me risquerai donc à dire que Brainstorming et Creative Problem Solving constituent des modes de mise en œuvre industrielle de méthodes surréalistes.

On notera au passage l'apport d'Henri Poincaré dont la méthode en 4 points ci-dessus diffère sensiblement de celle de Descartes et, à l'instar du surréalisme, semble faire une part assez large au *travail de l'inconscient*. De là à penser que l'activité mathématique créatrice n'est pas foncièrement rationnelle, il n'y a qu'un pas, que j'invite le lecteur à franchir, et sur lequel je reviendrai de toutes façons.

« La mise en œuvre du brainstorming nous ayant conduit à la nécessité d'établir un plan, nous pouvons espérer nous rapprocher un peu de la Lune. Il nous manquait un plan, de toute évidence. Mais rien n'étant plus sournois que l'évidence, qu'est-ce donc que planifier? »

> « Planifier suppose un ensemble d'actions hiérarchiquement organisées dans lequel différentes sortes de décisions sont ordonnées de façon fonctionnelle afin de penser le futur et de le contrôler. »
>
> Wikipedia.

Il n'est pas assuré qu'il faille ici entendre que les actions dites « hiérarchiquement organisées » soient forcément des actions « organisées par la hiérarchie » quand bien même la dite hiérarchie serait essentiellement rémunérée pour ordonner « les différentes sortes de décisions » et « contrôler – entre autres – le futur ».

Dans un Français un peu plus clair et donc un peu moins « technocratique » comme on dit, cela consiste à mettre en œuvre la Méthode du Discours de René Descartes, c'est à dire à procéder à la mise en œuvre d'une énumération

185

débridée, suivie d'une chasse aux ratons laveurs non pertinents (e.g. noirs)... Mais en tenant compte des aléas et des risques éventuels rencontrés lors de sa mise en œuvre des résultats de la dite Méthode, et de leurs diverses probabilités d'occurence, ce qui est sage. On pourrait d'ailleurs reprocher à Descartes de n'y avoir pas songé. Mais heureusement, Blaise Pascal s'était chargé de couvrir cette hideuse faille où baillait l'absence du calcul des probabilités.

Et donc à nouveau, planifier consiste à décomposer le travail à réaliser et à identifier les risques et aléas à chaque étape. Et si cette décomposition ne suffit pas – ce qui est à craindre quant à ce qui est d'atteindre la Lune – on établira des sous-plans, puis des sous-sous-plans pour les actions dont l'évidence n'apparaît pas assez vivement.

Comment ces sous-plans et sous-sous-plans seront-ils établis ? Comment les risques et aléas seront-ils identifiés ? Par un usage réitéré du Brainstorming ou pire, du Creative Problem Solving même s'il le faut. Autrement dit au moyen d'un usage industriel rationnel et modéré des méthodes inaugurales du surréalisme. Ou peut-être plus exactement dans une mise en œuvre programmée du surréalisme.

A nouveau où sont localisés le travail et la pensée ? Ils sont dans l'établissement du plan, autrement dit dans le brainstorming, et dans l'ordonnancement (séquentiel ou parallèle) des résultats du brainstorming, qui constituent les étapes du plan.

En fait, l'ordonnancement des étapes du plan n'est pas vraiment ni un travail (humain) ni à proprement parler de la pensée, car on peut le confier à un logiciel dès lors que les entrées et les sorties de chacune des étapes ont été identifiées.

Et comment identifier les entrées et les sorties de chaque étape ? Et bien par un usage réitéré du Brainstorming ou même s'il le faut, du Creative Problem Solving. C'est à dire toujours au moyen d'un usage industriel rationnel et modéré des méthodes inaugurales du surréalisme

Enfin, le suivi de l'exécution du plan, ne requiert ni travail ni pensée non plus puisqu'un ordinateur muni des capteurs de mesure adéquats et des logiciels convenables y suffira largement.

On voit donc que le travail de la pensée ne réside absolument pas dans la partie

« rationnelle » de la méthode, partie qui peut être souvent être automatisée et exécutée par un logiciel convenable, mais au contraire dans la partie irrationnelle, c'est à dire le brainstorming.

On peut dès lors revenir – mais sur une base industrielle cette fois – à la question que j'avais posée à propos de la Méthode de Descartes, celle de savoir où et comment s'arrête le processus d'établissement des plans.

Il s'arrête au niveau où aucun brainstorming ne semble plus requis au niveau conscient, c'est à dire au niveau des procédures industrielles identifiées, définies et répertoriées, pour la mise en œuvre desquelles plus aucune pensée n'est nécessaire. Du moins théoriquement... Car si la mise en œuvre de procédures bien définies suffisait à affronter les épines du Réel, cela aurait fini par se savoir, et on confierait évidemment le travail à des machines, largement pilotées par des logiciels, eux-mêmes exécutés par des ordinateurs.

Les détails de la réalisation du plan, sont donc confiés aux exécutants, qui devront sur le terrain, se débrouiller avec la tâche « simple » et « évidente » qu'on leur a assignée, c'est à dire en réalité et dans les faits, faire de nouveau fonctionner leur brainstorming, personnel ou collectif.

Des exécutants qui, plus et mieux encore, alimenteront de leur propre créativité (surréaliste, donc !) la productivité de l'entreprise via la méthode Kaizen et le célèbre cycle PDCA : *Plan, Do, Check, Act* :

> « Cette démarche japonaise repose sur des petites améliorations faites au quotidien, constamment.
>
> C'est une démarche graduelle et douce, qui s'oppose au concept plus occidental de réforme brutale du type « on jette le tout et on recommence à neuf » ou de l'innovation, qui est souvent le résultat d'un processus de ré-ingénierie.
>
> En revanche, le kaizen tend à inciter chaque travailleur à réfléchir sur son lieu de travail et à proposer des améliorations.
>
> Donc, contrairement à l'innovation, le kaizen ne demande pas beaucoup d'investissements financiers, mais une forte motivation de la part de tous les employés.
>
> En conséquence, plus qu'une technique de management, le kaizen est une philosophie, une mentalité devant être déployée à tous les niveaux de l'entreprise. La bonne mise en œuvre de ce principe passe notamment par :
>
> - une réorientation de la culture de l'entreprise ;
>
> - la mise en place d'outils et concepts comme la roue de Deming (cycle PDCA), les outils du TQM (Total Quality Management ou gestion globale de la qualité), un système de suggestion

efficace et le travail en groupe ;

- la standardisation des processus ;

- un programme de motivation (système de récompense, satisfaction du personnel) ;

- une implication active du management pour le déploiement de la politique

- un accompagnement au changement, lorsque le passage au kaizen représente un changement radical pour l'entreprise.

En résumé, d'un étage à l'autre de la hiérarchie, de décideurs en planificateurs et de planificateurs en exécutants, selon l'expression de l'Internationale Situationniste, « Le Pouvoir ne crée pas, il récupère ».

# Rencontres

En dépit de tout le mal que chacun secrètement pense des méthodologies industrielles, et en dépit de la nature proprement « surréaliste » (mais non pas certes au sens journalistique du terme) de la cheville ouvrière sur quoi tout s'articule, tout cela ne marche pourtant pas si mal. La « pensée rationnelle » semble-t-il fonctionne. Et comme dit un ami, apparemment, "the logical mind, typically begins *with a set goal in mind* and then proceeds in linear fashion, in sequence, whereas a non-linear approach is random, usually, beginning and ending anywhere". Les voitures roulent, les avions volent et voguent les navires. Bref une fois un but fixé, la Méthode cartésienne de génération industrielle des ratons laveurs permet assez raisonnablement souvent de l'atteindre.

Pourtant, il reste un point aveugle, un angle

mort, une ligne de fuite : comment le but à atteindre est-il déterminé ? Pour les banquiers, les financiers et les voleurs, la réponse est apparemment simple : l'argent est le but à atteindre et tout le reste en découle – rationnellement. Mais tandis que les voleurs se passent de l'acceptation de leurs victimes, les banquiers et les financiers sont, eux, dans l'obligation (morale!) de l'obtenir et de laisser croire que les transactions sont - donnant-donnant, win-win - équilibrées. Il faut donc que les clients veuillent... Mais veuillent quoi ?

« Que faut-il vouloir ? » demande la Salomé de René Girard à sa mère Hérodiade après avoir fort brillamment dansé devant les invités d'Hérode. « La tête de Jean-Baptiste ! » lui répond sa mère, qui a quelques raisons de vouloir la peau du Jean-Baptiste, qui lui pourrit la vie. Et Salomé, qui très probablement n'a pas la moindre idée de qui est ce Jean-Baptiste, demande donc "La tête de Jean-Baptiste, sur un plateau !". René Girard note que le plateau est une invention de Salomé elle-même, et il concède qu'il s'agit là, de la part de la fantasque Salomé, d'une « idée d'artiste ».

Mais René Girard n'est peut-être pas un ami des arts, et il en déduit aussitôt que le désir est mimétique et que Salomé a dupliqué le désir de sa mère, attendu qu'elle-même n'avait pas de désir particulier. Il conclut donc que la mécanique du désir n'est finalement que mimétisme... Ce qui suppose incidemment que parmi les choses cachées depuis la fondation du monde, le tout premier désir, celui qui s'est trouvé mimétisé par tous les autres, soit né par génération spontanée. N'est pas Pasteur qui veut...

Pourtant Salomé, qui se moque pas mal de Jean-Baptiste et donc aussi de ce que veut sa mère, a un désir bien à elle, qui est qu'on lui offre une tête sur un plateau. Et comment lui est venu ce désir ? Eh! Bien, sommée à brûle pourpoint de vouloir quelque chose, elle a convoqué les ressources de l'automatisme surréaliste de sorte que son inconscient y a pourvu.

Ce qui s'est produit ensuite est une *rencontre*, celle du désir artistique tout neuf de Salomé avec celui du désir ancien, mâché et remâché, plutôt utilitaire en somme, d'Hérodiade. *L'art est le mouvement d'un désir qui s'élabore*. Comment la pensée rationnelle aurait-elle répondu au soudain besoin de désir auquel était confrontée Salomé ? Eh ! Bien... Elle n'y aurait pas répondu du tout parce que pour elle, la question n'existe pas.

La pensée cartésienne est une pensée de la réalisation. Une pensée de l'organisation des travaux. La Méthode signe le moment où la pensée industrielle fait irruption dans le champ de la culture. Descartes n'en constitue pas le seul symptôme. Galilée et Spinoza et bien d'autres sont des penseurs et des scientifiques certes, mais ce sont aussi des artisans. Galilée introduit la mesure en physique. C'est évidemment là une invention de métier. Imaginerait-on qu'un professeur des universités de l'époque ait pu songer à mesurer quoi que ce soit ?

La Méthode est une pensée de la division du travail, une pensée de l'organisation de l'exécution -- et donc aussi une pensée de l'intégration finale. Qu'on lui donne un but, elle l'atteindra probablement. Mais quoique s'appuyant sur une certaine autonomie du mouvement de la pensée, elle est foncièrement d'origine hétéronome. Elle n'est pas là pour désirer, ni pour vouloir, ni pour décider. Elle n'a rien d'aristocratique. Ce n'est pas une pensée de nobles. Il faut la nourrir, lui fournir des objectifs, des buts. Et elle ne se met en mouvement que sur ordre.

Elle excelle à apporter des réponses, mais il ne semble pas qu'elle sache poser les questions. Or il est bien plus difficile de poser une bonne question que d'en trouver les réponses. Les sectateurs du langage informatique Prolog dédié à l'intelligence Artificielle (de l'époque), langage qui prenait des atours un peu oraculaires, avaient l'habitude d'en plaisanter : « Si Prolog est la réponse, quelle est la question ? ». L'intelligence artificielle à l'époque était toute *algorithmique* et fondée sur des « systèmes experts », c'est-à dire sur l'exploitation de « bases de connaissances ». Elle explorait les arbres de la connaissance. Elle était totalement différente de l'intelligence artificielle *néoconnexionniste* moderne appelée « machine learning » ou « deep learning » qui est, elle, largement fondée sur l'emploi de *réseaux de neurones formels*.

De même, le surréalisme industriel est une pensée de l'exécution. Il plie, il courbe et exploite le mouvement autonome de la pensée dans le sens requis par la volonté externe des capitaines d'industrie. Abandonné à son propre mouvement, il permettra sans aucun doute de développer et de réaliser de mieux en mieux, de plus en plus vite et de plus en plus économiquement des produits de plus en plus obsolètes. C'est d'ailleurs le résultat qu'il a obtenu, presque partout. Mais il ne sait pas répondre à la question « Que faire ? » c'est à dire « Que construire? » ou "Que vendre ?". Il est incapable de créer le moindre produit radicalement nouveau, et sournoisement, une firme dont le catalogue vieillit et devient obsolète est vouée à disparaître. Rien n'est plus triste qu'une industrie qui n'a plus rien à vendre... Pour créer de nouveaux produits, il faut tout autre chose que de la pensée rationnelle. Il y faut une belle idée au bon moment, autrement dit du génie.

# Du Génie...

On en trouve. J'ai rencontré ici et là quelques designers, quelques concepteurs, quelques architectes en matière de logiciels ou de systèmes, capables de créer des produits ou des systèmes entiers auxquels nul n'avait guère songé avant eux, ou bien de réaliser des produits existants d'une manière radicalement nouvelle. J'ai observé qu'ils avaient tous certains traits de caractère qui les rendaient, de l'avis unanime de leur hiérarchie, à peu près ingouvernables. Ce que la dite hiérarchie tolérait assez bien, sentant obscurément que sa propre existence dépendait fortement de leurs trouvailles.

Ces designers, ces architectes, il faut le dire, *ne sont pas* des gens d'esprit cartésien. D'ailleurs, il y a tout lieu de penser que Descartes lui-même n'était pas cartésien. Il est douteux qu'un esprit strictement cartésien puisse se trouver intellectuellement en capacité d'inventer une méthode comme celle de Descartes, pour laquelle mieux vaut une certaine qualité de génie qu'un esprit « rationnel ».

Ces designers, ces architectes, ne sont pas du tout le  genre de personnages de contes de fées capables «  de résoudre des problèmes  », de « répondre à des questions  » ou de « trouver des solutions  ». J'emploie ce genre de vocabulaire à dessein, à fins de contraste, car il s'est trouvé, et se trouve encore hélas, des gens pour penser que l'intelligence consisterait à « trouver des solutions  » ou à « résoudre des problèmes  ». Ce que ces gens désirent au fond c'est être servis. Ce qu'ils désirent, ce sont des exécutants rapides et efficaces. Bref, ce qu'ils veulent, c'est qu'on leur apporte sur un plateau des solutions à leurs petits problèmes à eux. Mais l'intelligence est toute autre chose, elle ne sert à rien, elle ne sert rien, elle est d'une gratuité détestable, c'est une exploration, une aventure.

Les designers et les architectes de génie dont je parle plus haut appartiennent plutôt au genre de "spécialistes" qui excellent à résoudre des problèmes qui n'ont jamais été énoncés ou à répondre à des questions que nul n'avait considérées avant eux. Non seulement ce sont incontestablement des experts dans la science des  solutions imaginaires, mais pire encore, leurs solutions constituent des réponses à des problèmes qui ne se posaient pas. Bref, à des problèmes eux-mêmes imaginaires...

Il faut reconnaître qu'ils ne sont pas à proprement parler rationnels. *Et ils le savent.* J'en ai connu un qui s'est échappé de l'entreprise qui l'employait dès qu'on a tenté de lui imposer les méthodes du surréalisme industriel. Comme il se savait confuément "né surréaliste", il est immédiatement passé au service de l'entreprise concurrente dont je me suis aperçu récemment qu'il était devenu le Chief Executive Officer, autrement dit Président Directeur Général. En Europe, il s'agirait d'un cas exceptionnel : ce genre d'individu, on s'en débarrasse d'ordinaire dans les meilleurs délais sitôt qu'ils ont rempli leur office. Un genre de liquidation discrète qui s'observe, comme j'ai pu le constater, même dans des pays raisonnablement ouverts et « éclairés » tels que le furent un temps les Pays-Bas.

Il faut pourtant se représenter que sans ce type d'hommes (ou d'équipes), l'industrie - et beaucoup d'autres choses - n'existeraient tout simplement pas du tout. Ce sont des techniciens, donc *des hommes de l'art,* comme on dit encore ça et là. Personne ne se risquerait pour autant à dire que ce sont des artistes, ça ferait mauvais genre, vous comprenez. Mais ils ne sont donc évidemment pas rationnels, ils hantent des régions de la technique que de l'extérieur on aurait plutôt tendance à se représenter comme relevant un peu du domaine de la « philosophie » ou de la « magie ». Il n'en est rien cependant, il ne s'agit là de rien d'autre que de pur merveilleux : ces gens sont simplement la pensée humaine qui œuvre.

Il faut reconnaître aussi, tout de même, que le génie est largement une affaire de chance. Et puis, pour avoir du génie, c'est à dire pour avoir la bonne idée au bon moment, il faut tout de même aussi se trouver au bon endroit, c'est à dire d'une manière ou d'une autre, être du métier. Ce n'est certes pas diminuer en quoi que ce soit le génie d'Albert Einstein que de faire observer qu'il n'était ni maçon, ni boulanger. On peut certes considérer que son travail au bureau des brevets de Berne était un peu obscur, mais lorsque l'on se souvient qu'à cette époque l'empire allemand, encore tout frais, s'entêtait à vouloir faire arriver les trains à l'heure... Entendez, à l'heure, à la prussienne ! C'est à dire *absolument* à l'heure. On peut se représenter qu'Einstein voyait passer assez fréquemment des demandes de brevets relatives au problème de la synchronisation des horloges, problème qui n'est certes pas sans rapports avec les idées de la Relativité Restreinte. Du reste, les premiers ouvrages de vulgarisation de la Relativité Restreinte vers la fin des années 1900 et le début des années 1920 contenaient beaucoup d'exemples relatifs à des trains, à des déplacements de trains et à des déplacements à l'intérieur des trains.

Bien entendu, il ne suffit pas non plus d'être du métier convenable au moment convenable. Il existe une part de hasard qui fait que parmi l'ensemble de ceux qui sont du métier convenable au moment convenable, seuls quelques uns auront l'idée neuve que les autres n'auront pas. Claude Shannon n'était pas le seul ingénieur des télécommunications au monde au moment où il a inventé la théorie de l'information. D'ailleurs il n'était pas seul, il y était accompagné de Weaver. Le chemin qui conduit à cette théorie n'est pas très escarpé et elle aurait pu venir à l'esprit de beaucoup d'autres....

Soit un émetteur, un récepteur et un canal de communication permettant de transmettre des signaux de l'un à l'autre... Le problème qui se pose dans une vision d'ingénieur est de transmettre un maximum de messages au travers du canal. La nature n'ayant pas inventé l'alphabet – du moins sans l'aide des hommes –

pour que cela soit possible, il faut encoder les messages à l'aide d'un alphabet quelconque, puis transmettre les messages ainsi encodés au travers du canal de communication de la manière la plus efficace possible.

Contrairement à la National Security Agency et à beaucoup d'autres organismes publics ou privés, un ingénieur des télécommunications ne s'intéresse pas du tout au contenu – à la sémantique – des messages transmis et la théorie de Shannon ne s'en préoccupe donc pas non plus. En revanche, optimiser les signaux permettant de transmettre les caractères de l'alphabet est un problème d'ingénieur des télécommunications.

L'idée de Shannon consiste à observer qu'il est avantageux de coder les caractères de l'alphabet les plus fréquents avec les signaux les plus simples, qui occuperont donc le canal de communication le moins (longtemps) possible et de réserver les signaux les plus complexes aux caractères les moins fréquents. Partant, il devient "naturel", pourvu que l'on se mette en quelque sorte un instant "à la place" du canal de transmission, de considérer que les signaux les moins fréquents contiennent davantage d'information que les signaux les plus fréquents. Ce qui revient à dire que plus la surprise (relative) est grande, plus la quantité d'information associée est importante. Le vrai coup de génie de Shannon réside, semble-t-il, dans le fait d'avoir dégagé, de la situation technique à laquelle il était confronté, une notion quantifiable et purifiée de toute autre sémantique que celle liée au problème posé. Pour cela il fallait abstraire. Il semble que lui seul l'ait fait.

Mais l'aspect hasardeux du génie de se réduit pas à cela. Encore faut-il que l'idée, la bonne idée, la belle idée, vous advienne à un moment ou elle est également acceptable par le reste des humains. Ce n'est pas non plus faire injure au génie de Léonard de Vinci que d'observer que la plupart de ses inventions n'arrivaient pas au bon moment.

Il ne s'agit là que d'un aspect des choses très proche d'une situation beaucoup plus générale qui est celle des «  pré-adaptations darwiniennes  », ce qu'on appelle aussi exaptations.

Il faut reconnaître que Darwin a eu plusieurs idées brillantes. Parmi celles-ci figure ce qu'on appelle désormais les préadaptations darwiniennes. Darwin fit remarquer qu'un organe – disons le cœur – pouvait avoir des caractéristiques causales indépendantes de sa fonction et dépourvues de toute influence sélective dans son environnement normal. L'une de ces caractéristiques causales pourrait néanmoins procurer un avantage sélectif dans un environnement différent. [...]

Les préadaptations sont pléthoriques au sein de l'évolution biologique. Lorsque l'une d'entre elles se présente, elle engendre alors généralement une nouvelle fonctionnalité au sein de la biosphère – et donc dans l'univers. Voici un exemple couramment cité pour l'illustrer : le cas des vessies natatoires des poissons...

Stuart Kauffman - Réinventer le sacré - - Éditions Dervy – P194.

La vessie natatoire, comme son nom l'indique, est un dispositif de régulation de la flottaison des poissons, dérivé d'une sorte de poumon primitif, lui-même dérivé d'un diverticule du tube digestif. Autrement dit, le poumon primitif des poissons qui n'était au départ qu'un organe fortement irrigué assurant une fonction respiratoire assez annexe par rapport à celle bien plus fondamentale des branchies, s'est trouvé assurer la fonction beaucoup plus critique au moyen de laquelle un poisson peut évoluer dans l'eau librement et sans efforts, sans s'enfoncer vers le fond ou s'élever vers la surface. Ce que les requins et d'autres poissons ne savent pas faire. Et n'ayant pas de vessie natatoire et ils doivent faire des efforts légers mais permanents pour ne pas couler ou rester au niveau souhaitable.

On voit donc que, dans le cas des pré-adaptations darwiniennes, ce n'est pas la fonction qui crée l'organe, ni l'organe qui crée la fonction. Ce qui crée la fonction, c'est la rencontre entre la solution à un problème qui ne se posait pas d'une part et d'autre part un environnement où le problème qui se trouve résolu ne parvient à une expression claire que par l'irruption de sa solution, généralement issue d'un contexte sans rapport avec le problème résolu.

Autrement dit, ce qui arrive dans le cas des pré-adaptations darwiniennes, comme dans le cas d'une idée de génie, c'est quelque chose de plus que de la chance. C'est une transformation du contexte général des problèmes et des questions eux-mêmes. Une sorte de modification de quelque chose comme le champ sémantique environnant du problème (non posé) et de sa solution (miraculeuse).

En inventant une notion mesurable d'information, Shannon fait davantage qu'avoir une bonne idée au bon moment, il modifie, il infléchit le cours de la pensée de son époque, entraînant, entre autres évolutions, une nouvelle interprétation de la notion d'entropie en physique classique (Cf. Brillouin) et même peut-être quelques modifications des idées en physique quantique.

Ce qui est fondamental dans la pensée comme dans la pré-adaptation darwinienne, c'est son aspect de *rencontre*. Ce que l'on ne peut manquer de rapprocher de la célèbre remarque de Pierre Reverdy :

> « L'image est une création pure de l'esprit. Elle ne peut naître d'une comparaison mais du rapprochement de deux réalités plus ou moins éloignées. Plus les rapports des deux réalités rapprochées seront lointains et justes, plus l'image sera forte — plus elle aura de puissance émotive et de réalité poétique... etc. »

La vessie natatoire ne naît pas d'une comparaison avec le poumon. Pas plus que la théorie de l'information de Shannon ne naît d'une comparaison avec le contenu des journaux. Ce qui se produit dans la pensée véritable comme dans la pré-adaptation darwinienne est *une rencontre incomparable*.

# 2 - Racines de L'Imagination

# Imagination des Souris

Précisément, il n'est pas anodin de rappeler que le monde – ou plus exactement l'abord du monde par les êtres vivants – est un objet de nature géographique, ou du moins, géométrique. Est-il possible de déduire la forme de l'Univers sans en sortir ? Henri Poincaré le croyait. A l'image des Grecs qui furent capables d'identifier la nature sphérique de la Terre (et même de calculer son diamètre) grâce aux mathématiques, il proposa que nous devrions être capables de conclusions équivalentes pour ce qui concerne l'Univers.

Comment les êtres vivants parviennent-ils à s'orienter dans le monde ? Cela dépend, bien sûr, des espèces, mais pour ce qui concerne les souris des recherches déjà un peu anciennes, mais couronnées par un triple prix Nobel en 2014 permettent de se faire une idée de la manière dont les choses fonctionnent. Il est probable que les principes biologiques généraux mis en œuvre dans le cas des souris peuvent être étendus à d'autres espèces de mammifères, dont la nôtre. Les citations qui suivent sont extraites de deux des émissions de radio de la série *Sur les épaules de Darwin* sur France-Inter, de *Jean-Claude Ameisen* consacrée au triple Prix Nobel de Physiologie ou Médecine 2014 qui récompensait les travaux de *John O Keefe*, *May-Britt Moser* et de son mari *Edvard Moser*, travaux relatifs à la localisation spatiale chez les souris.

> Les découvertes de John O'Keefe et de May-Britt et Edward Moser ont révélé deux composantes essentielles et complémentaires de l'apprentissage et de la mémorisation de l'espace. Un souvenir des endroits exacts où nous nous sommes trouvés [ chacun des souvenirs d'un lieu est enregistré dans une configuration particulière d'activation des cellules de lieu. ] , une forme de mémoire autobiographique : c'est à cet endroit précis où nous avons été et nous souvenons du trajet que nous avons effectué ; et une mémoire de la topographie de l'environnement dans lequel nous avons effectué notre trajet, inscrit sur un plan quadrillé, une grille d'hexagones [la topographie des lieux est enregistrée par des configurations des cellules de grilles réalisant un pavage hexagonal de l'espace parcouru par les souris], un système de coordonnées qui permet de déduire les distances et les frontières tout autour de l'endroit où nous nous trouvons. Un souvenir de la carte des lieux et un souvenir précis de notre trajet à travers ces lieux.

Dans la suite de la série d'émissions, Jean-Claude Ameisen complète les résultats obtenus par John O Keefe, May-Britt Moser et Edward Moser par quelques autres résultats issus d'études adjacentes ou plus récentes.

212

L'une des études citées porte sur le processus de mémorisation des lieux parcourus :

> Des études réalisées chez des souris qui sont en train d'effectuer un parcours indiquent qu'à chaque fois qu'elles font une petite pause ou s'arrêtent pour manger, le film du trajet qu'elles viennent d'effectuer, la succession d'activation des différentes cellules de lieu repasse plusieurs fois en accéléré dans leur hippocampe à l'endroit et à l'envers. A l'endroit, c'est le film du chemin qu'elles ont parcouru. A l'envers, c'est le film du chemin qu'il leur faudrait emprunter pour revenir sur leurs pas s'il leur fallait refaire la route en sens inverse pour revenir au point de départ, s'il leur fallait s'enfuir…

> Plus tard, durant leur sommeil le film de ces successions de cartes qui, commencent pendant qu'elles dorment, à s'inscrire dans leur mémoire durable, dans leur mémoire à long terme, repassera un plus grand nombre de fois encore, mais seulement à l'endroit, s'inscrivant dans leur mémoire durable, dans leur mémoire à long terme, en migrant en partie dans différentes régions de la surface du cerveau.

Il apparaît donc que la continuité entre les rêves nocturnes et les rêveries diurnes, telle qu'elle est exposée par André Breton dans *Les Vases Communicants* est désormais constatable objectivement et scientifiquement établie, en l'occurrence chez les souris. Il s'agit donc d'un processus qui n'est nullement restreint au domaine humain, poétique ou artistique, mais d'un mode de fonctionnement du cerveau commun au moins aux mammifères.

Mais il y a plus, la mémoire est aussi la matière première utilisée par le cerveau des souris pour l'élaboration d'anticipations comme le montrent les 3 études suivantes...

La première date de 2011 et est publiée par l'équipe d'un autre prix Nobel : S. Tonegawa. Elle montre que les souvenirs des lieux se construisent, par répétition    durant l'activité spontanée de l'hippocampe.

En 2011 une étude réalisée par G. Dragoi G, et S. Tonegawa du Département du Cerveau et des Sciences cognitives du MIT à Boston est publiée dans Nature. S. Tonegawa après avoir reçu en 1987 le prix Nobel de physiologie et de médecine pour ses travaux en immunologie s'est engagé dans des recherches en neurosciences pour explorer les mystères de la mémoire.

L'étude concernait des souris et elle révélait une relation étrange entre la mémoire et l'anticipation de l'avenir. Les souris effectuent un parcours au long d'une piste artificielle qui a des composantes topographiques particulières. Lorsque les souris sont parvenues au bout de la première partie de ce parcours où les chercheurs ont déposé de la nourriture, elles s'arrêtent, se nourrissent, se reposent ou s'endorment. Et pendant leur sieste, ou pendant leur sommeil, la succession des trajets qu'elles viennent de parcourir se projette comme un film de manière répétée dans leur hippocampe, commençant à s'inscrire dans leur mémoire durable.

Ces découvertes confirment le rôle de la répétition dans la mémorisation, rôle qui nous est déjà bien connu puisque c'est de cette manière que nous autres humains apprenons les choses « par cœur ». L'apprentissage dans les réseaux de neurones formels actuellement simulés au moyen de logiciels d'ordinateur procède de la même manière, mais le nombre de répétitions requises pour que ces réseaux apprennent est énorme : des centaines de milliers ou même des millions.

Cette étude de 2011 montre également que les souvenirs fournissent la base des processus d'anticipation de trajets à venir...

> Mais cette étude a aussi identifié un autre phénomène surprenant et jusque là inconnu. Quand la première partie de la piste parcourue se termine par une porte qui empêche les souris de voir la suite du parcours, pendant leur repos, ou pendant leur sommeil, survient une série de variations apparemment aléatoires sur ces trajets. Une succession de trajets nouveaux, changeants, ouverts apparaît dans leur hippocampe. Comme si, pendant le repos et pendant le sommeil s'inventait une préfiguration de la topographie possible de la suite invisible du parcours, une exploration d'une géographie imaginaire et encore inconnue. Comme si pendant le repos et le sommeil se préparait l'ébauche d'une mémorisation du futur parcours dans la partie inconnue de la piste, un répertoire de pré-adaptations possibles à une topographie encore inconnue, mais qui pourrait partager certaines caractéristiques communes avec les lieux qui viennent d'être parcourus et qui sont en train de s'inscrire dans la mémoire.

La seconde étude date de 2013 et est encore due à l'équipe de S. Tonegawa et elle, confirme et précise les résultats de la première étude en donnant une idée du nombre de trajets d'anticipation créés par les souris durant leur sommeil : environ une quinzaine d'anticipations ...

> Et deux ans plus tard au printemps 2013 G. Dragoi et et S. Tonegawa publiaient la suite de leurs explorations de cette anticipation de l'avenir chez les souris. L'étude G. Dragoi et et S. Tonegawa a été publiée dans les comptes rendus de l'académie des sciences des États Unis. Elle indique que chez les souris placées devant la porte fermée d'une piste qu'elles n'ont encore jamais vue, pendant leur sommeil s'effectuent dans leur hippocampe des variations d'activation des cellules de lieu sur le thème de trajets anciens, au total ces variations font émerger une quinzaine de trajets futurs que les souris n'ont encore jamais empruntés.

La troisième étude, réalisée par une équipe indépendante, confirme les résultats obtenus par S. Tonegawa, mais cette fois elle porte sur des anticipations qui apparaissent en tant qu'activités de l'hippocampe de souris à l'état de veille.

> Au mois de mai 2013, au moment où était publiée l'étude de G. Dragoi et S. Tonegawa, une autre étude était publiée dans Nature par deux chercheurs du département de neurosciences de l'université John Hopkins à Baltimore aux États Unis, Bart Pfeiffer et David Foster.

> Ils avaient analysé l'activité des cellules de lieu dans l'hippocampe de souris, non pas pendant leur sommeil, mais durant les instants qui précèdent le moment où elles vont

s'engager dans une direction soit pour aller chercher de la nourriture, soit pour revenir dans leur abri... Les souris sont en train de se reposer un moment, puis elles vont partir et pendant qu'elles se reposent défile dans leur hippocampe le trajet qu'elle vont suivre, même quand le trajet qu'elles vont choisir est nouveau et qu'elles ne l'ont jamais emprunté. Et ainsi avant de s'engager dans un trajet particulier, ce trajet est préfiguré dans leur cerveau avant qu'elles ne commencent à l'emprunter.

Les trois études citées ci-dessus concordent donc sur un point crucial qui est la fabrication dans l'hippocampe d'anticipations créées à partir de *recompositions* aléatoires de *fragments* de souvenirs récents ou plus anciens. En d'autres termes, les souris *imaginent* le parcours à venir, qui pourra s'avérer plus ou moins conforme à l'imagination qu'elles en ont formé à partir de variations aléatoires dérivées de fragments mémorisés de leurs expériences passées.

Il est fascinant de voir ici à l'œuvre l'initiation du mécanisme darwinien assez improprement appelé "sélection naturelle" ou pire encore "survival of the fittest". Le terme a tant fait florès que, les gens se trouvent le plus souvent aveuglés par le terme de sélection. Peu d'entre eux semblent encore s'aviser que pour qu'il y ait sélection, encore faut-il qu'il y ait *quelque chose à sélectionner*. Autrement dit, la "sélection naturelle" serait une idée dénuée de sens si elle

217

ne faisait référence à son pré-requis incontournable qui est *la création naturelle.*

Dans le cas de la quinzaine de trajets nouveaux construits par variations aléatoires sur la base de fragments mémorisés de trajets anciens chez les souris, nous nous trouvons précisément en présence de la création naturelle à l'œuvre. Bien entendu, seuls certains de ces trajets inventés – ou peut-être aucun d'entre eux – seront suffisamment proches du futur trajet réel et se trouveront donc "sélectionnés". Mais qu'ils soient "sélectionnés" ou non, ils auront préparé les souris à ce qui les attend dans leur futur.

D'ailleurs, de manière générale, un peu d'introspection nous permet de nous assurer que lorsque nous pensons à un lieu que nous connaissons, une ou des images de ce lieu se forment spontanément dans notre cerveau. C'est d'ailleurs ce qu'indique clairement le mot "imagination".

Selon Erwin Schrödinger dans son livre *Qu'est-ce que la Vie* (et plus généralement, de manière plus récente, dans les sciences de l'esprit), nous ne percevons pas la réalité, mais la différence entre la réalité telle que nos sens nous lma représentent et l'anticipation du monde construite en permanence par notre cerveau. Ce qui, quand on y réfléchit, est bien plus rapide et plus efficace que d'analyser ou de ré-analyser la réalité, ou même une partie de la réalité, en toute occasion. Un détail auquel les gens s'arrêtent étonnamment peu, c'est qu'il est bien plus facile et bien moins coûteux de corriger une anticipation un peu fausse que de construire une anticipation neuve en partant de rien.

Et d'autres termes, ce que nous appelons réalité est pour l'essentiel une (re-)construction du cerveau.

Mais comment est-ce possible ? Comment peut-on « se préparer au futur» ? Comment se fait-il qu'on puisse « anticiper » ?

On peut s'en faire une idée en examinant les procédures de compression des données utilisées, par exemple, en vue de la transmission à moindre coût de données graphiques statiques ou de données vidéo. L'idée fondamentale est d'exploiter la redondance à l'intérieur d'une image pour ce qui concerne les images statiques, et d'exploiter en outre la redondance entre les images successives pour la transmission de données vidéo.

En effet au sein d'une image donnée, il existe des zones, des plages, de même couleur et-ou de même luminosité, pour lesquelles un grand nombre de pixels sont identiques. En vue de la transmission d'une image, il suffit donc d'encoder les valeurs de couleur et de luminosité d'un seul pixel de la zone, puis de compter le nombre des pixels ayant précisément ces valeurs et de transmettre ensuite ces informations : nombre de pixels ayant la même valeur ou la même couleur et encodage de cette valeur et de cette couleur. C'est évidemment beaucoup plus concis et bien plus économique en termes de transmission que d'envoyer les valeurs de couleur et de luminosité pour chacun des pixels considérés.

Pour les données vidéo, on peut en outre utiliser le fait que dans deux images successives un grand nombre de pixels seront identiques, car il est rare que tous les pixels changent de valeurs d'une image vidéo à la suivante. Il suffit donc de ne transmettre que les données relatives aux pixels qui ont effectivement changé d'une image à l'autre.

Cela signifie – et ce point est fondamental – que le contenu d'une image quelconque *prédit* « relativement bien » le contenu de l'image suivante.

Il en va de même dans le réel – ou du moins dans ce que nous capturons du réel au travers de nos sens et plus encore au travers des représentations que notre cerveau élabore et remanie à chaque instant. Les changements qui interviennent dans la réalité sont relativement progressifs. Même lorsqu'ils nous apparaissent comme brusques, ils sont en fait presque continus. C'est à dire constitués d'un très grand nombre de petites variations successives. C'est d'ailleurs ce que révèle leur analyse lorsque nous enregistrons des événements brusques avec une caméra rapide et que nous repassons le film au ralenti.

Autrement dit, dans la vie réelle, une situation donnée constitue une « pas trop mauvaise » *prédiction* de la situation suivante. Il est le plus souvent très raisonnable de parier que l'instant suivant ne sera pas très différent de l'instant présent et de l'instant précédent Et de toutes manières, cette « pas trop mauvaise prédiction » est meilleure que pas de prédiction du tout.

En d'autres termes, *nous vivons dans un monde où l'expérience est utile*. C'est étonnant. Il aurait pu se faire que le monde soit vertigineusement chaotique et que l'expérience ne serve à rien. Mais tel n'est pas le cas.

Que veut dire avoir acquis de l'expérience ?

Cela veut dire avoir construit une représentation qui « en moyenne » (ou de manière plus générale « statistiquement ») n'est « pas trop éloignée » d'un certain nombre de situations « fréquentes ». Bien sûr, cette représentation ne tombe pas du ciel, mais elle est élaborée à partir de nos souvenirs. Anticiper le futur, consiste donc d'une manière ou d'une autre à « jouer » avec ces souvenirs. Et quand je dis « jouer », il faut l'entendre un peu au sens du *jeu mécanique*, qui consiste à laisser un peu de liberté à un dispositif mécanique de manière à lui permettre de s'adapter aux circonstances de son fonctionnement. En l'absence de ce type de jeu, un dispositif mécanique se coince et-ou casse.

Cela veut dire que nos anticipations doivent incorporer sous une forme ou sous une autre quelques « degrés de liberté » supplémentaires par rapport à la fixité de l'un quelconque de nos souvenirs. Comment ces degrés de liberté sont obtenus chez les souris ? En composant aléatoirement des fragments souvenirs pré-existants pour en tirer un certain nombre de « prédictions » – environ une quinzaine de prédictions d'après les expériences cités plus haut. *En d'autres termes, l'anticipation fonctionne comme un **collage**.*

# Imagination Immunitaire

Un processus similaire de création naturelle est mis en œuvre dans les mécanismes de l'immunité acquise (celle qui fonde la vaccination), qui permet notre survie au quotidien. Les cellules n'ayant pas d'yeux et les envahisseurs (bactéries, virus ou autres) ne portant ni drapeaux ni uniformes permettant de les désigner comme ennemis, le système immunitaire doit d'abord les identifier comme tels et par dessus tout, il ne doit pas les confondre avec les cellules de l'organisme elles-mêmes (cas des maladies auto-immunes). Autrement dit, avant de songer à l'anéantir, il convient d'identifier et de *marquer l'ennemi*.

Compte tenu de la grande diversité du vivant, les ennemis sont fort nombreux et fort divers, de sorte que les marqueurs permettant de les identifier (en se liant chimiquement aux molécules de leurs membranes, puisqu'à pareille échelle, il n'y a que de la chimie) doivent être, eux aussi, extrêmement divers.

Ce défi est relevé par un mécanisme de création naturelle assez comparable à celui de l'imagination chez les souris.

Les cellules du système immunitaire chargées de produire les marqueurs disposent de segments de matériel génétique qui peuvent être fragmentés puis recombinés afin de créer une énorme diversité de « gènes » aléatoires destinés à piloter la production des protéines de marquage. Il en résulte la création d'une énorme quantité de marqueurs différents, qui pourront se lier aux membranes d'intrus passés, présents ou à venir. Ou même d'intrus qui ne sont jamais apparus ou n'apparaîtront jamais. De sorte que c'est l'intrus qui sélectionne "son" type de marqueur particulier.

Lorsqu'une cellule exprimant un marqueur donné se lie à l'intrus au moyen de ce marqueur, elle se met à proliférer de manière à produire de très nombreux exemplaires de ce marqueur. Autrement dit, la génération du type de marqueurs spécifique de l'intrus est amplifiée par reproduction intensive du type de cellules immunitaires exprimant ce marqueur dès lors qu'il a "fait mouche" en se liant à l'intrus .

"Un être humain est a priori capable de produire près de mille milliards d'anticorps différents. Des millions de gènes seraient nécessaires pour stocker autant d'information, or le génome entier contient moins de 25 000 gènes. La multitude des récepteurs antigéniques est produite par un processus appelé sélection clonale. Selon la théorie de la sélection clonale, à la naissance, un animal génère de façon aléatoire une immense diversité de lymphocytes dont chacun exprime un récepteur antigénique unique à partir d'un nombre limité de gènes. Afin de générer des récepteurs antigéniques uniques, ces gènes sont soumis au processus de recombinaison V(D)J, durant lequel chaque segment de gène se recombine avec l'autre pour former un gène unique. Le produit de ce gène donne ainsi un récepteur antigénique ou un anticorps unique pour chaque lymphocyte, avant même que l'organisme soit confronté à un agent infectieux, et prépare l'organisme à reconnaître un nombre quasiment illimité d'antigènes différents.".

https://fr.wikipedia.org/wiki/Syst%C3%A8me_immunitaire_ada ptatif#Diversit.C3.A9_du_r.C3.A9pertoire_immunitaire

On voit donc que le système immunitaire adaptatif fait preuve d'*une forme d'imagination* (chimique et biologique), et il le fait précisément en s'appuyant sur le *hasard.* ou du moins sur ce que nous identifions actuellement comme du hasard. Autrement dit, le système immunitaire *utilise le hasard interne* des mutations, des fragmentations et des recombinaisons *pour contrer le hasard externe* représenté par les divers ennemis et intrus. On peut alors se représenter le vivant comme *une membrane entre ces deux formes de hasard*, un ordre dynamique qui se construit au delà de deux

225

chaos...

Pourquoi donc s'appuyer sur le hasard ? Parce
que la quantité d'information requise pour
produire cette énorme diversité de marqueurs
est si considérable, qu'elle ne peut en aucun cas
être enregistrée dans les gènes (les humains
n'ont guère que 26000 gènes). La mémoire
génétique, même associée à la dynamique
collective des protéines encodées par les gènes
qui permet le fonctionnement de la cellule, n'est
pas assez flexible, ni assez riche, pour s'opposer
aux très nombreuses situations dangereuses
auxquelles l'immunité adaptative doit faire face.

De la même manière, le dispositif d'imagination
chez les souris emploie le hasard intérieur de la
fragmentation, puis des transformations et
recombinaisons aléatoires des souvenirs pour
anticiper les hasards extérieurs possiblement
liés à un trajet nouveau et inconnu. Dans le cas
du système immunitaire adaptatif, comme dans
le cas de l'anticipation spatiale ches les souris; le
mécanisme biologique de base utilisé est
l'analogue d'un *collage*.

Mais comment ne pas songer aussi au poème de
Stéphane Mallarmé : "Jamais un coup de dés
n'abolira le hasard, toute pensée émet un coup
de dés" ?

https://fr.wikisource.org/wiki/Auteur:St%C3%A9phane_Mallar
m%C3%A9

https://fr.wikisource.org/wiki/Un_coup_de_d%C3%A9s_jamais
_n%E2%80%99abolira_le_hasard

Comment ne pas songer aux mécanismes de cette *énumération sans contrôle* mis en œuvre non seulement dans ce que j'ai nommé plus haut les méthodes du «  surréalisme industriel  », mais aussi dans les aspects véritablement créatifs de la Méthode proposée par Descartes lui-même.

# Imagination Humaine

Si l'on considère le mouvement des arts à la fin
du 19e siècle et début du 20e siècle, on constate
que le poème de Mallarmé est très logiquement
suivi par quantités d'expériences dadaïstes, puis
surréalistes, qui s'appuient précisément sur le
hasard. Ce mouvement intellectuel ne met pas
seulement en relief une certaine qualité
d'absurde destinée à répondre à la monstrueuse
absurdité de la Grande Guerre, mais il s'avère
aussi révéler ce que le fonctionnement réel de la
pensée doit au hasard, ainsi que l'avait "deviné"
Mallarmé dans la nuit d'*Igitur*

https://fr.wikisource.org/wiki/Igitur

Le surréalisme vient ensuite, qui se fixe pour
tâche d'étudier et d'*exprimer le fonctionnement
réel de la pensée*. Mais il se réfère trop vite pour
cela à ce que l'on sait de l'inconscient au
moment de la naissance du Surréalisme, puis
ensuite beaucoup trop immédiatement à

l'inconscient freudien – qui comme on sait a réponse à tout. En d'autres termes, le surréalisme se jette trop vite sur des résultats déjà acquis sans prendre le temps de repérer l'ampleur de son projet. Et donc sans deviner ce que les souris nous apprennent, à savoir que l'inconscient et les mécanismes de l'imagination s'appuient eux-mêmes sur une mise au travail du hasard.

Pourtant, une partie de ce que les souris nous enseignent, était déjà repérable sur la base de l'introspection, et il n'était pas hors de portée de se représenter au moins une partie de l'activité mentale comme un processus analogue au collage puisque le collage depuis Max Ernst était déjà devenu une des activités favorites de beaucoup de surréalistes. Il suffisait pour cela *d'inverser le collage*, c'est à dire, non pas de considérer le collage comme *résultat*, mais comme manifestation externe d'un *mouvement* de l'esprit qu'il fallait – selon la définition initiale du surréalisme pourtant – se mettre en mesure d'*élucider*. Une fois encore, on aura regardé le doigt qui désignait la Lune au lieu de regarder la Lune.

L'origine de ce qu'il faut bien appeler en l'espèce "une étourderie de système" (comme dit Fourier) réside évidemment dans la situation particulière de l'art dans les sociétés capitalistes et plus généralement dans les sociétés inégalitaires. Dans ces sociétés, on a en effet pris l'habitude de considérer l'art comme *résultat*. Dans cette vision très particulière, qui manque totalement d'esprit et qui en tous cas, *manque l'esprit*, l'art apparaît comme localisé dans les oeuvres, alors que de toute évidence, les oeuvres ne sont rien et sont même à vrai dire tout à fait insensées hors du mouvement de pensée conscient ou inconscient qui les a construites.

Pour se représenter l'absurdité de l'état de l'art en matière d'art, on peut dire que la tentative de suspendre quelque fragment de pensée que ce soit aux murs d'un musée ou à ceux du salon est absolument désespérée, et d'un ridicule qui devrait pourtant littéralement "sauter aux yeux". Duchamp avait bien tenté de remédier à cette sinistre situation que l'on pourrait qualifier de *nécrophagique* en fournissant les éléments relatifs au processus de création lui-même, l'oeuvre ne constituant en fait que l'un de ces éléments. Mais finalement, Duchamp n'aura été qu'*imité* sur ce point comme sur tant d'autres. C'est à dire qu'il n'aura pas été *suivi*.

On peut bien s'effaroucher bruyamment du digital ou des écrans, comme si c'était là le plus grave... Mais la vraie vie est ailleurs. Tant que l'on continuera d'astiquer fiévreusement ces *pierres tombales de la pensée* que sont toutes les oeuvres d'art, on témoignera pitoyablement, publiquement et historiquement que l'on manque la cible, et de la proie même jusqu'à son ombre. L'esprit bourgeois (et plus généralement inégalitaire) se repère sans erreur à cette odeur *sépulcrale* qui l'accompagne et qui tient à ce qu'il s'attache toujours aux *choses* plutôt qu'au *Temps*.

Mais le hasard surréaliste est différent du hasard dadaïste en ce sens que, ce qu'il utilise, ce qu'il compose, ce qu'il organise, n'est pas le hasard brut, le hasard extérieur, qu'avait mis à l'œuvre Dada, mais le *hasard intérieur*, le hasard de l'inconscient, le hasard biologique mis en œuvre dans le cerveau humain lui-même, et qui selon toute vraisemblance n'est pas essentiellement différent de celui qui est mis en œuvre chez les souris. Le chaos apparent révélé par l'écriture automatique n'est pas un vrai chaos, il s'organise plus ou moins en groupes de mots, en expressions, en phrases complètes même parfois. Il s'agit de tout autre chose que de mots tirés d'un chapeau.

L'étude de cette organisation très particulière de la pensée de l'Inconscient qui était initialement l'objectif du surréalisme n'a pas été véritablement entreprise. En plus d'un siècle de surréalisme, la profondeur des remarques de Poincaré en 1908 quant au travail de l'inconscient n'a été ni identifiée ni comprise. On s'est largement contenté d'exploiter l'or de l'inconscient sans trop chercher à savoir ni d'où il provenait, ni comment il était élaboré, ni même en fait, ce qui faisait qu'il s'agissait véritablement d'or. De *L'Or du Temps*.

Les résultats de l'écriture automatique sont en fait assez comparables aux éléments de génome et aux morceaux de gènes plus ou moins fonctionnels que les virus transportent d'une espèce à l'autre, créant ainsi de nouveaux traits génétiques beaucoup plus susceptibles d'être fonctionnels et biologiquement riches que ceux créés par de simples mutations aléatoires aux niveau moléculaire inférieurs. Ainsi, l'un des gènes qui nous a permis de devenir des mammifères placentaires est-il, d'origine virale...

D'un autre côté, il est abusif de considérer que Dada n'ait employé que le hasard brut extérieur. En fait, l'emploi du hasard extérieur dans Dada n'est qu'une des manifestations de l'attitude beaucoup plus générale qui consiste à *laisser aller* le mouvement mental et en quelque sorte à lui *faire confiance*.

De sorte qu'on peut dire que Dada est déjà essentiellement surréaliste, que le Surréalisme représente, certes, une certaine prise de conscience de ce que fait Dada (et de beaucoup d'autres choses...), mais que, malgré les remarques de Breton relatives au hasard objectif, le surréalisme n'a pourtant pas entièrement compris ce que « disait » vraiment l'emploi du hasard dans Dada.

Il reste qu'en invoquant le hasard, on n'est pas très loin d'invoquer les dieux. Ou du moins *un* dieu. "Le dieu hasard, le seul, le vrai" comme disait le surréaliste picard Louis Scutenaire.

https://fr.wikipedia.org/wiki/Louis_Scutenaire

Comment s'y prend le cerveau pour produire des variations aléatoires ou "apparemment aléatoires" ? Le cerveau est-il une sorte de générateur de hasard, comme l'a pensé Mallarmé dans *Igitur*, ou bien s'agit-il d'un mécanisme pseudo-aléatoire c'est à dire d'un mécanisme biologique déterminé et déterministe de production d'une diversité d'une telle ampleur et d'une telle richesse qu'elle nous *apparaît* comme aléatoire ?

Et d'ailleurs en matière de hasard, le monothéisme est-il de mise ? Le dieu hasard est-

234

il unique ? Est-il légitime de parler *du* hasard ou ne faudrait-il pas plutôt parler *des* hasards ? En effet, dans les théories et les pratiques mathématiques relatives aux probabilités, on commence toujours par construire *l'ensemble des événements possibles*. Étape critique s'il en est car toute erreur dans l'identification de cet ensemble conduira à des calculs et à des conclusions sournoisement erronés. Autrement dit, en mathématiques, *le hasard est toujours relatif à un contexte donné*.

Ce qui n'est pas un point de détail, car il est mathématiquement incorrect de parler d'un ensemble de tous les événements possibles dans l'absolu. Cela conduirait de toute évidence à construire *l'ensemble de tous les ensembles*, chose assez connue pour mener à des contradictions logiques qui ruineraient la totalité de l'édifice mathématique. Mathématiquement parlant, on est donc contraint de parler de hasards *au pluriel*, de hasards différents et relatifs à des contextes variés, plutôt que d'un hasard général et absolu. Cela pose la question de la diversité des types de contextes où le hasard entre en jeu, de leur catégorisation et de leur classification, et le cas échéant de leur emploi.

Biologiquement parlant, cela pose la question de

savoir quels *types* de hasards issus de quels *types* de contextes sont effectivement utilisés par les processus de création naturelle. La vie n'utilise-t-elle que le processus de fragmentation-recombination du matériel génétique mis en œuvre dans l'immunité adaptative, ou dans les mécanismes d'anticipation tels qu'on les voit à l'œuvre chez les souris ? Ou bien utilise-t-elle au contraire des mécanismes de natures différentes ?

Du point de vue de la pensée, quels types de hasards sont-ils mis en œuvre dans la "fabrication" de l'imagination humaine ?

Par ailleurs, si l'on se penche – comme tout nous y invite – sur la qualité et la quantité des fragments de souvenirs qui se trouvent recombinés par la fonction d'imagination du cerveau, l'imagination sera-t-elle plus riche et plus puissante si elle se trouve élaborée à partir de souvenirs plus riches, plus variés, et recombinés de manière plus "hasardée". Si tel était le cas, alors l'étude et la classification de sources de hasard variées pourrait revêtir un aspect critique pour l'évolution future de la pensée, qu'il s'agisse de la pensée naturelle ou de formes de pensée synthétiques telle qu'elles se développent actuellement via les réseaux de neurones formels et leur empilement en couches vulgairement appelé « deep learning ».

On n'ira pas ici plus loin dans cette direction qui requerrait des expériences et des études qui restent à imaginer.

# 3 - Conclusions Provisoires

La prétendue "pensée rationnelle" n'est probablement pas de la pensée du tout, mais plutôt une organisation méthodique des résultats de processus de pensée bien plus "sauvages" dont les racines biologiques commencent à se laisser deviner.

Que cette organisation méthodique des résultats trouve sa source dans l'esprit de géométrie grec dont est née la démonstration mathématique est évidemment indéniable, mais la réactualisation moderne de cet esprit antique est clairement d'origine bourgeoise et industrielle. On aurait pu en trouver l'indice dans l'étymologie du mot *ratio* qui se rattache aux comptes et aux calculs. Or, quelle est, par excellence, la classe qui compte et qui calcule ? La bourgeoisie.

Mais la bourgeoisie étant une classe marchande, doit s'attacher à convaincre par d'autres moyens que la force brute plus généralement utilisée par l'aristocratie, la noblesse et les diverses variantes d'organisations mafieuses étatiques ou non. La vindicte surréaliste contre la pensée rationnelle n'est certes donc pas infondée, mais elle aurait dû mieux comprendre la nature de ce à quoi elle était confrontée et l'identité réelle de son ennemi. Et par conséquent aussi comprendre mieux sa propre nature et plus précisément de quelle révolte elle était la pensée. Cela ne semble pas avoir vraiment eu lieu, ni dans le surréalisme historique, ni même en fait, dans la compréhension du surréalisme historique qui a été entreprise par l'aventure situationniste, pourtant politiquement beaucoup mieux armée que le surréalisme.

Pour autant, identifier l'origine et la nature bourgeoises de la "pensée rationnelle" ne signifie certes pas prendre à cet égard une attitude d'anathème ou de rejet. La bourgeoisie a accompli de grandes choses. De grandes et fort bonnes choses comme aussi de grandes et fort mauvaises choses. L'émancipation humaine progresse d'ordinaire par le dépassement et le dépassement ne s'est jamais fondé sur l'anathème, ni sur le rejet. Il s'agit plutôt d'expérimenter et de comprendre plus largement que ce que l'on dépasse, que cela se fasse consciemment ou non.

D'importants résultats de la pensée poétique et artistique issue du symbolisme tardif (Rimbaud, Mallarmé, Valéry), de Dada, du Surréalisme et de l'aventure situationniste commencent désormais à se trouver au moins partiellement validés par la biologie et les sciences de l'esprit.

Il peut être extrêmement dangereux et peut-être même être désastreux pour un mouvement de pensée de se trouver victorieux à ce point. Pour le moment, le dit mouvement de pensée n'a nullement conscience de l'étendue considérable de sa victoire (théorique !). Il ne sait pas non plus que ce qu'il a inventé se trouvait déjà mis en œuvre dans des mécanismes biologiques fort anciens.

Cela pose la question de savoir comment ce mouvement de *pensée de l'imagination* va désormais pouvoir (et devoir) se poursuivre. Malgré l'assèchement actuel évident de la pensée poétique et artistique, il peut sembler douteux que l'art soit mort comme le croyaient les Situationnistes, ne serait-ce que parce qu'il commence à se savoir qu'il s'enracine dans la biologie même, comme le montre – parmi bien d'autres plus discrets – l'exemple des oiseaux jardiniers de Papouasie Nouvelle Guinée.

Il est bien plus probable que l'art va devoir se déplacer sur d'autres terrains et avec d'autres outils, qui ne seront peut-être plus identifiables comme relatifs à la poursuite de la même aventure par d'autres moyens – et sur d'autres territoires.

Il est très important et même critique, que la pensée de l'imagination se poursuive, à bien des égards, dont plus particulièrement le fait que toute crise poétique constitue à la fois le symptôme, l'effet et la cause des crises économiques et plus généralement des crises de civilisation dont celles en cours.

On peut d'ores et déjà identifier quelques unes des directions possibles qui permettraient de relancer une activité proprement créatrice afin d'aller plus avant « au fond de l'inconnu pour trouver du nouveau » :

• La reprise du travail sur le hasard, les diverses sortes de hasard et la manière de les « mettre au travail » dans la pensée, et dans l'Ars (i.e. Art, Sciences et Techniques)

• Un sorte de bio-mimétisme de la créativité qui se fonderait sur les mécanismes créatifs mis en œuvre par la vie, dont on n'a cité que quelques exemples ici, mais qui sont incomparablement plus riches et plus variés que je n'ai pu le suggérer en quelques pages et dont, surtout, une énorme partie nous est encore probablement inconnue.

• Une approche informée, éduquée et symbiotique des développements en cours de « l'intelligence artificielle ».

L'irruption des développements actuels de

l'intelligence artificielle n'est essentiellement à craindre qu'en raison des orientations prises par les forces qui gouvernent son développement. Ce développement comme on le voit désormais – et pas seulement en Chine – est, par exemple, largement orienté par les besoins de la reconnaissance faciale, autrement dit par des besoins de police. A cela nulle fatalité. Pareille chose n'a été possible que par l'intervention d'un Xi Jing Ping et de très nombreux autres Père Ubu. Les réseaux de neurones artificiels n'étaient pas plus nés pour ce destin de surveillance et de dénonciation qu'un nouveau né humain n'est biologiquement programmé pour s'engager dans la Police.

Comment ne pas se rendre compte que tout cela n'a rien de particulièrement neuf, et qu'il en va ainsi depuis plusieurs siècles – pour ne pas dire *millénaires*. Tous les choix technologiques qui ont été réalisés dans la période capitaliste ont toujours eu – et ont toujours – pour rationnalité essentielle *la lutte de classe*. C'est à dire la lutte sans merci, permanente et de tous les instants, que mènent les riches contre les pauvres. Les choix technologiques au sein du monde capitaliste sont donc toujours des armes de guerre sociale et à ce titre ils ne peuvent être que nocifs tant il est longuement avéré que *les riches et les puissants ne veulent aucun bien aux pauvres.*

Si la technique a pu paraître nocive – et elle l'est en effet très largement – il ne s'agit nullement d'une fatalité ni même d'une caratéristique essentielle, fondamentale ou intrinsèque de la technique ou d'un prétendu "système technicien" qui en vertu d'un animisme modernisé se déploierait spontanément et pour son propre compte. Plus simplement, comme l'avait bien vu Marx, le capitalisme consiste en *l'appropriation exclusive des moyens de production*, c'est à dire de la technologie. La technologie est la propriété *collective*, *mais exclusive*, de la bourgeoisie, c'est à dire d'une classe qui est perpétuellement en guerre contre toutes les autres, et qui est en fait en guerre contre l'univers entier. Car que voudrait-on que signfie d'autre le programme de Descartes de « nous rendre comme maîtres et possesseurs de la Nature » ? On voit donc assez mal comment le développement de la technologie pourrait ne pas être entièrement décidé et déterminé par ses propriétaires mêmes – et leur très funéraire inconscient de classe.

Il peut sembler évident que la propagation en cours d'idées néolibérales de concurrence entre l'homme et la machine est extrêmement menaçante, car à ce jeu idiot, l'humanité à tout à perdre, possiblement à la longue jusqu'à son existence même. Mais il suffit de se souvenir que le mot « robot » trouve son origine dans un terme slave qui signifie « ouvrier » pour comprendre que pareil fantasme s'enracine, lui aussi, dans *une perception sourde de la lutte des classes*, portée à un niveau tout à la fois comique, cosmique et cosmétique.

L'intuition, l'observation et... Oui. La Raison même, auraient dû depuis longtemps conduire à l'idée naturelle, biologique et évidente de *symbiose*, comme il en va depuis des centaines de milliers d'années entre les hommes et leurs outils. Il suffit pour s'en rendre compte de prendre pour exemple cet *outil particulier* qu'est le langage. Le langage conditionne la pensée à ce point que certains en viennent à croire qu'il n'y a pas de pensée sans langage – thèse pour le moins hasardeuse. Pour autant cherche-t-on à savoir qui est le plus fort, de l'homme ou du langage ?

Il ne s'agit pas, il ne s'est jamais agi ni de rejeter ni d'accepter nos outils, pas plus que de renier ou d'accepter la Nature, mais d'*apprendre à vivre avec.*

Mars 2017, Mars 2020, Mars 2022

247